Waffen und Gerät

BAND 1

Waffen und Gerät

BAND 1

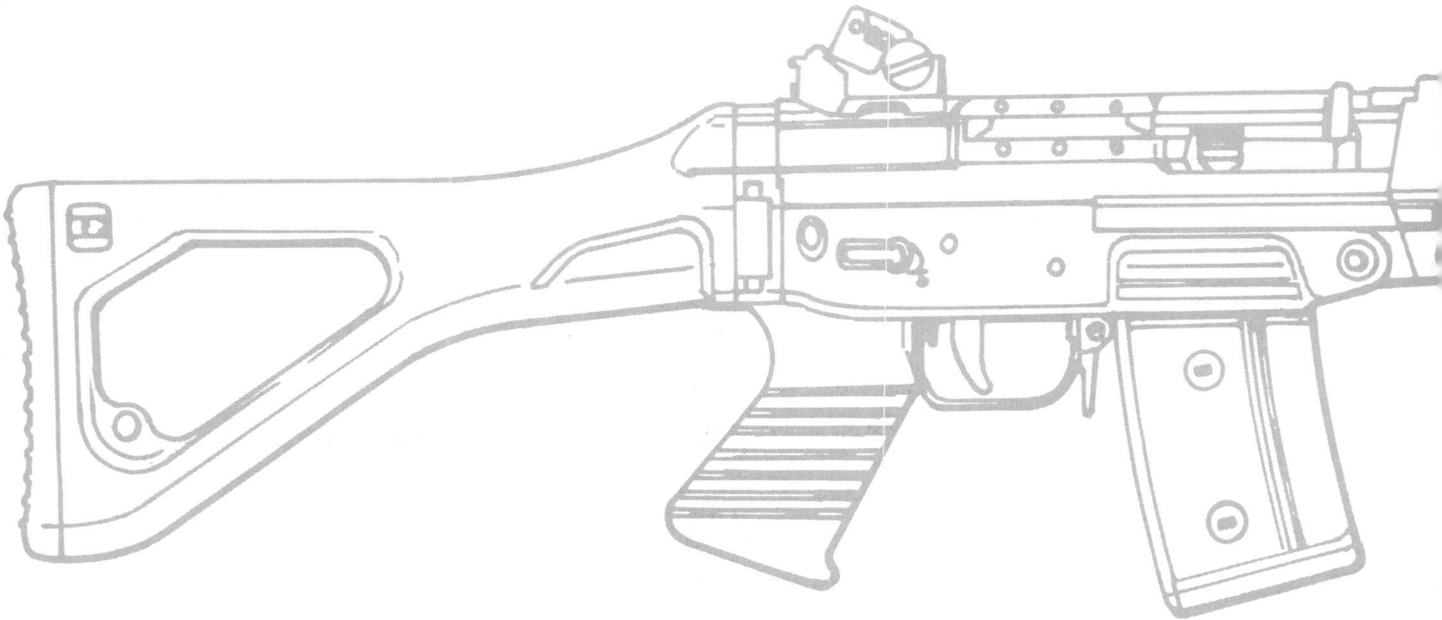

Moderne Handfeuerwaffen

Ian Hogg

Illustrationen von Ray Hutchins
Ins Deutsche übertragen und bearbeitet von Willi Kaiser

Motor
buch
Verlag

Einbandgestaltung: Anita Ament.

Die englische Ausgabe erschien unter dem Titel ¯SMALL ARMS – PISTOLS AND RIFLES in der Reihe GREENHILL MILITARY MANUALS
bei Greenhill Books, Lionel Leventhal Limited, Park House 1 Russell Gandens, London NW 11 9 NN
und Stackpole Books, 5067 Ritter Road, Mechanicsburg, PA 117055, USA.

Ins Deutsche übertragen und bearbeitet von **Willi Kaiser.**

Bisher in der Reihe erschienen:
Band 2: Moderne Artilleriesysteme
Band 3: Moderne Kampfpanzer
Band 4: Infaterie-Unterstützungswaffen
Band 5: Polizei- und Antiterror-Einheiten

ISBN 3-613-01731-8

2. Auflage 1998

Druck: Gulde-Druck GmbH, 72070 Tübingen.
Bindung: E. Riethmüller, 70176 Stuttgart.
Printed in Germany.

Einführung

1993 jährte es sich zum einhundertsten Male, daß die Serienproduktion der ersten für den zivilen Markt entwickelten Selbstladepistole aufgenommen wurde – der legendären Borchardt-Pistole, die Pate stand bei der Konstruktion der weitaus bekannteren Parabellum-Pistole und noch manch anderer Konstruktion.

Damals, vor 100 Jahren, lagen auch schon einige wenige brauchbare Konstruktionen automatischer Langwaffen vor. Allerdings nur als Prototypen, die niemals in Serie gefertigt wurden, denn keine Armee der Welt war so unbesonnen, sich auf eine Waffe zu stützen, die noch nie erprobt worden war. Es sollten noch weitere 40 Jahre verstreichen, ehe eine größere Armee den Sprung ins kalte Wasser wagte und ein Selbstladegewehr in die strukturelle Bewaffnung der Infanterie übernahm.

Im Verlauf der vergangenen 100 Jahre wurde die Entwicklung auf dem Handwaffensektor schrittweise fortgeführt und eine Erfindung oder Neukonstruktion reihte sich an die andere. Es wäre jedoch verfrüht, anzunehmen, die Handwaffen seien nunmehr auf dem Höchststand ihrer technischen Entwicklung angelangt. Allerdings glaube ich behaupten zu dürfen, daß sie einen Grad an technischer Perfektion erreicht haben, der künftig eine in die Zukunft weisende Entwicklung überaus schwierig gestalten dürfte, vor allem was das Verhältnis von Entwicklungskosten zum tatsächlich erzielten Fortschritt anbelangt. In jüngster Zeit haben die Streitkräfte der USA einige hundert Millionen Dollar in die Entwicklung einer Neukonstruktion mit der Bezeichnung ACR *(Advanced Combat Rifle* – kampfwertgesteigertes Gewehr) gesteckt. Nach mehrjähriger Entwicklungsarbeit wurden die von vier miteinander im Wettstreit liegenden Herstellern vorgelegten Testwaffen eingehend erprobt. Nach sorgfältiger Auswertung der Versuchsergebnisse zeigte sich, daß mit den Neuentwicklungen lediglich ein Grad des Fortschritts erreicht worden war, mit dem die Leistungsfähigkeit des derzeit eingeführten Ordonnanzgewehrs bei weitem nicht in einem Maße überschritten wurde, daß dessen Ablösung gerechtfertigt gewesen wäre.

Gleichzeitig ist zu erwarten, daß umwälzende Erfindungen und die Umsetzung innovativer Ideen immer seltener werden, da die hierzu erforderlichen Investitionen bei weitem die Finanzkraft privater Unternehmen übersteigen. Längst vorbei sind die Tage, als ein einsamer Erfinder in einer bescheiden ausgestatteten Werkstatt an seiner Kopfgeburt bastelte und sie dann zu einem Hersteller brachte, um sie gewinnbringend zu vermarkten. Heutzutage sind gewaltige Ausgaben für Forschung und Entwicklung nötig, um eine Waffenkonstruktion bis zur Serienreife entwickeln zu können, und nur noch wenige Firmen verfügen über die hierzu erforderlichen finanziellen Mittel. Die Zukunft der Entwicklung auf dem Handwaffen-Sektor wird abhängig sein von einer internationalen Zusammenarbeit oder von staatlichen Subventionen, oder – was noch wahrscheinlicher ist – von beidem.

Diese Einführung soll dazu dienen, Sie auf den Inhalt des vorliegenden Buches einzustimmen, das einen repräsentativen Querschnitt durch die Vielfalt mehr oder weniger moderner Lang- und Kurzwaffen darstellen soll. Hierzu wurden einige ältere Konstruktionen abgehandelt, die uns daran erinnern sollen, was früher geleistet wurde. Bei der überwiegenden Mehrzahl der beschriebenen Waffen handelt es sich jedoch um moderne Konstruktionen, die uns vor Augen führen sollen, welche Fortschritte auf dem Gebiet der Waffenentwicklung während der zweiten Hälfte des 20. Jahrhunderts erzielt wurden. Bestimmte Konstruktionsmerkmale tauchen hierbei immer wieder auf. Einige Lösungen technischer Probleme wurden so umfassend akzeptiert, daß sie heutzutage von nahezu jedem Konstrukteur übernommen werden, ohne daß noch ein Gedanke daran verschwendet wird, ob diese Probleme auf andere Weise zu lösen wären. Man braucht nur die Verriegelungssysteme moderner Selbstladepistolen oder die Vielzahl der Schnellfeuergewehre mit Drehkopfverschluß zu betrachten, um die vielen gemeinsamen Konstruktionsmerkmale zu entdecken. Studiert man dann auch noch die Patenturkunden des ausgehenden 19. Jahrhunderts, so wird man feststellen, daß viele der heutigen Konstruktionen und Systeme auf Ideen und Plänen der damaligen Zeit beruhen. Der Grund, weshalb es so lange gedauert hat, sie in die Praxis umzusetzen, liegt darin, daß die technischen Möglichkeiten des 19. Jahrhunderts nicht auf gleicher Höhe mit dem Einfallsreichtum der Erfinder waren.

Das vorliegende Buch soll in knapper und verständlicher Form zu einem Überblick über den Stand der Waffentechnik zur Zeit des letzten Jahrzehnts des 20. Jahrhunderts verhelfen. Bei den derzeitigen Bestrebungen, die auf eine allgemeine Reduzierung der Streitkräfte abzielen und dem allenthalben ertönenden Ruf nach der Friedensdividende scheint es nicht ausgeschlossen, daß die Waffentechnik auf dem derzeitigen Stand verharren wird bis weit hinein in das 21. Jahrhundert.

Ausblick

1. Es gibt Waffenkonstruktionen, die einfach nicht totzukriegen sind. Bei der unten abgebildeten Waffe handelt es sich um die Selbstladepistole *Browning BDA 9* mit Spannabzug. Die Teile der zerlegten Waffe lassen erkennen, daß sich in bezug auf die Funktion der Waffe seit der ersten – von John Moses Browning im Jahre 1900 entwickelten – Colt-Selbstladepistole nur wenig geändert hat. Browning verbesserte diese Konstruktion nach dem I. Weltkrieg, und nach einer Zwangspause infolge der Weltwirtschaftskrise zu Beginn der 30er Jahre kam sie als *Browning High Power* 1935 auf den Markt. An diesem Modell wurde mehr als 50 Jahre lang nichts verändert, erst dann wurde ein Spannabzugs-System eingebaut, das sie in die Selbstladepistole BDA 9 verwandelte. Nichts

spricht dagegen, daß diese Pistole weitere 50 Jahre als Ordonnanz-Seitenwaffe übersteht, denn warum sollte an einer perfekten Konstruktion etwas geändert werden?

2. Es gibt Waffenkonstruktionen, die, obwohl veraltet und längst überholt, noch immer in Gebrauch sind. Dieser afghanische Guerillakämpfer (oben) begutachtet eine sowjetische *Stetschkin APS* Reihenfeuer-Pistole, die einem abgeschossenen russischen Piloten abgenommen wurde. Es handelt sich um eine Miniatur-Maschinenpistole, die bei der Abgabe von Dauerfeuer vom Schützen kaum zu kontrollieren war. Bei den sowjetischen Streitkräften war sie nur relativ kurze Zeit in Gebrauch, sie wurde jedoch weltweit exportiert. Zweifellos wird sie auchnoch in den kommenden Jahren hin und wieder auf allen möglichen Krisenschauplätzen auftauchen.

3. Heute ist das Sturmgewehr die Standardwaffe des Infanteristen und hat das zum Verschießen großkalibriger Patronen eingerichtete Repetiergewehr nahezu vollständig abgelöst. Ausgestattet mit einer elektronischen Zieloptik, die eine Zielerfassung auch bei Nacht ermöglicht, kann diese Waffe rund um die Uhr wirkungsvoll zum Einsatz gebracht werden. Das einzige Problem, das trotz aller neuzeitlichen Technologie noch nicht gelöst werden konnte, besteht darin, den Infanteristen 24 Stunden lang wach zu halten (rechts oben im Bild ein britischer Soldat im Anschlag mit dem österreichischen *AUG*).

4. Mit einem Gewehr, das hülsenlose Munition (auch im Dauerfeuer) verschießen kann, haben sich Konstrukteure seit den 40er Jahren beschäftigt. Der Hauptvorteil liegt in der Einsparung von Hülsenmaterial und damit von Gewicht – im Vergleich zu herkömmlicher Munition kann der Schütze bei gleichem Gewicht die dreifache Menge an Patronen mitführen. Die im Verlauf der Entwicklung auftretenden Probleme waren immens; gegen Ende der 70er Jahre war es jedoch gelungen, sie in den Griff zu bekommen. Die folgenden zehn Jahre wurden darauf verwandt, die gefundenen Lösungen in eine Konstruktion umzusetzen, die kostengünstig gefertigt werden konnte. Nachdem auch dies gelungen war und mit dem deutschen *G 11* eine Waffe vorlag, die den an ein Ordonnanzgewehr gestellten Anforderungen genügte, veränderte sich über Nacht die gesamte weltpolitische Lage. Die Bedrohung, die vom sowjetischen Machtblock ausgegangen war, existierte nicht mehr, und die Regierungen kürzten drastisch ihre Verteidigungshaushalte. Zuallererst fiel das zum Verschießen hülsenloser Munition eingerichtete Gewehr dem Rotstift zum Opfer. Es wäre durchaus möglich, daß es im nächsten Jahrhundert wieder auftaucht, je nachdem, wie sich die Lage weiter entwickelt.

Inhalt

Langwaffen

BROWNING GP 35 (HIGH POWER) BELGIEN

Hersteller: FN Herstal SA, Herstal
(Modell-Varianten: Mark 2, Mark 3, Mark 3 S)

Diese Selbstladepistole, die auf eine Konstruktion John Moses Brownings aus dem Jahre 1920 zurückgeht, ist eine der am längsten eingeführten und verwendeten Ordonnanzpistolen. Die Entwicklungsarbeiten hatten eigentlich bereits 1914 begonnen, als Browning an einer Verbesserung der von ihm entwickelten *Colt Pistole M 1911* arbeitete. Er veränderte nicht nur das Abzugs-, sondern auch das Verschlußsystem, bei dem die Riegelwarzen am Lauf aus den entsprechenden Nuten im Verschluß (Schlitten) gezogen wurden, indem der Lauf von einer beweglich am Lauf befestigten Kette nach unten geschwenkt wurde. Bei seiner neuen Konstruktion wurde das Ausklinken der Riegelwarzen am Lauf aus den Nuten im Verschluß durch eine am Lauf angearbeitete Steuerkurve bewirkt, die von einem Steuernocken geführt wurde, der quer im Griffstück lag. Wegen des I. Weltkrieges konnte Browning erst zu Beginn der 20er Jahre mit seiner Idee bei FN in Lüttich vorstellig werden. Er verstarb 1926 und Dieudonné, Saive, damals Chefkonstrukteur bei FN, setzte die begonnene Arbeit fort. Er richtete die neue Konstruktion zum Verschießen der Patrone 9 mm X 19 ein und konstruierte ein Magazin mit einem Fassungsvermögen von 13 Patronen. Darüber hinaus änderte er Brownings Konstruktion dahingehend ab, daß er anstelle des innenliegenden Schlagstücks einen außenliegenden Schlaghebel anbrachte, der es dem Schützen ermöglichte, die Waffe vor Abgabe des ersten Schusses zu spannen.

Wegen der Weltwirtschaftskrise wurden die Konstruktionspläne zunächst auf Eis gelegt; erst 1935 wurde mit der Serienfertigung begonnen. Unmittelbar danach wurde die neue Pistole in Lettland, Litauen und in China eingeführt, als jedoch die Wehrmacht 1940 Belgien besetzte, waren erst an die 35 000 Exemplare produziert worden. Danach fertigte FN die Pistole unter der Bezeichnung *Pistole 640(b)* weiter für die deutschen Streitkräfte. Die Konstruktionspläne wurden nach England geschmuggelt und von dort nach Kanada weitergeleitet, wo die Pistole für die britischen und die kanadischen Streitkräfte sowie für die Armee National-Chinas gefertigt wurde. Nach dem II. Weltkrieg nahm FN die Fertigung wieder auf. 1954 wurde die *GP 35* (GP = *Grande Puissance*, entspricht der englischen Bezeichnung *High Power = HP)* bei den britischen Streitkräften eingeführt. Insgesamt haben die Streitkräfte von rund 65 Staaten die *GP 35* als Ordonnanzpistole eingeführt und manche verwenden sie heute noch.

In den 70er Jahren kam eine Modellvariante mit der Bezeichnung *Mark 2* auf den Markt. Dabei handelte es sich um eine Version derselben Pistole, ausgestattet mit anatomisch geformten Griffschalen, einem beidseitig zu bedienenden Sicherungshebel, einer verbesserten Visierung mit breiterem Korn und breiterem Kimmenausschnitt, sowie phosphatierten Metalloberflächen. Die Produktion dieses Modells wurde bereits zu Beginn der 80er Jahre wieder eingestellt. Eine weitere Variante des Grundmodells, mit der Bezeichnung *Mark 3,* die

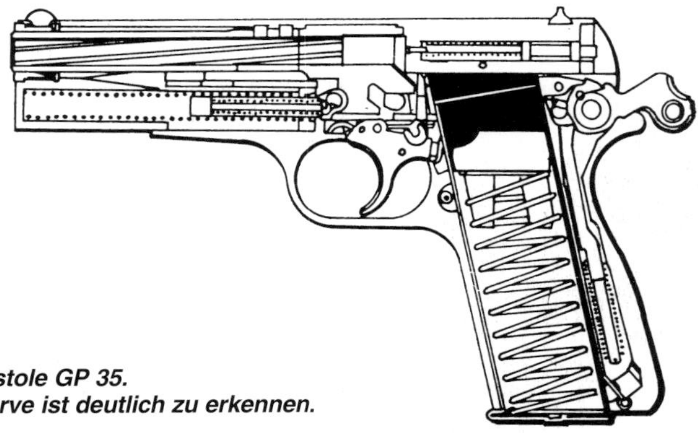

Selbstladepistole GP 35.
Die Steuerkurve ist deutlich zu erkennen.

1988 vorgestellt wurde, ist insgesamt robuster gehalten (einige Schwachstellen wurden verstärkt), und der Verschluß ist massiver. Die Visiereinrichtung kann auf Wunsch gegen eine Sportvisierung ausgetauscht werden. Eine speziell für den Polizeieinsatz entwickelte Version mit der Bezeichnung *Mark 3 S* verfügt neben der manuellen Sicherung über eine unabhängig von dieser wirkenden Schlagbolzensperre.

Die in Kanada bei John Inglis während des II. Weltkriegs gefertigte Version der High Power MK. I* mit Schiebevisier und einer schwalbenschwanzförmigen Ausfräsung am Griffrücken zur Aufnahme einer ansteckbaren Schulterstütze.

Technische Daten:
Kaliber: 9 mm X 19 (9 mm Parabellum)
Funktion: Rückstoßlader mit kurz zurückgleitendem Lauf, Schwenklaufverriegelung
Länge: 197 mm
Gewicht, ungeladen: 990 g
Lauf: 118 mm, 6 Züge, Rechtsdrall
Magazin: Stangenmagazin für 13 Patronen
Mündungsgeschwindigkeit: 335 Meter pro Sekunde

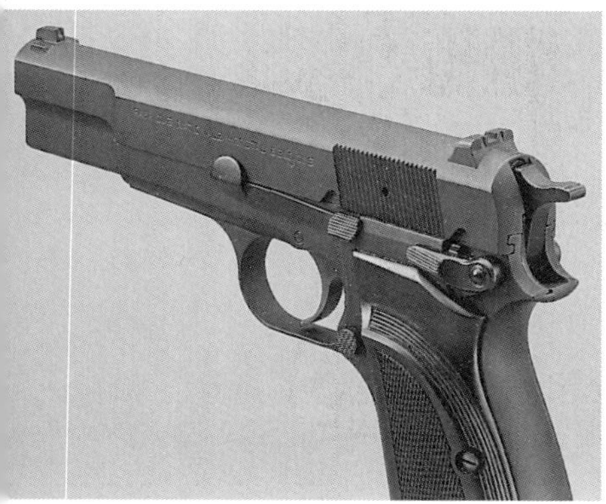

Diese Aufnahme verdeutlicht die Unterschiede zwischen der GP 35 und der Version Mark 3 mit abgeändertem Schlaghebel (Hahnsporn), Sicherungshebel, Griffschalen mit Daumenauflage und verbesserter Visierung.

Hersteller: FN Herstal SA, Herstal
(Modell-Variante: BDA 380)

Es dürfte weitgehend unbekannt sein, daß die beiden Firmen FN Herstal SA und Pietro Beretta SpA gegenseitig aneinander beteiligt waren und in einigen Geschäftsbereichen eng zusammenarbeiteten. Seit 1897, als die erste von Browning entwickelte Selbstladepistole bei FN in Serie ging, war die Firma auf dem Faustfeuerwaffen-Sektor aktiv, insbesondere was die Entwicklung und die Produktion sogenannter Taschenpistolen sowie kleinkalibriger Pistolen für den polizeilichen Einsatz anbelangt. So hat sich in der Tat in vielen europäischen Ländern der Begriff `Browning' als Synonym für eine kleine Selbstladepistole eingebürgert. Angesichts der schwierigen Lage auf dem Weltmarkt in den 80er Jahren ist es jedoch wenig sinnvoll, kostspielige Zeit für eine Neuentwicklung aufzuwenden, wenn man durch wirtschaftliche Zusammenarbeit zu einer brauchbaren Lösung kommen kann. Als man sich im Hause FN Ende der 70er Jahre mit der Entwicklung einer handlichen Kleinkaliberpistole anfreundete, die sowohl als Waffe für den persönlichen Selbstschutz als auch für den polizeilichen Einsatz geeignet war, hielt man es deshalb für sinnvoll und vernünftig, gemeinsam mit der Firma Beretta eine brauchbare Konstruktion zu entwickeln. So ist die Selbstladepistole *FN DA 140* nichts anderes als eine modifizierte Version der Pistole *Beretta Modell 81.* Im Hause FN konnte damit der ansonsten zur Entwicklung einer Neukonstruktion erforderliche Zeitaufwand erheblich verringert werden.

Äußerlich ist die FN-Pistole am rechtsseitigen Auswurffenster zu erkennen, während der Beretta-Verschluß über die Breite der Oberseite durchbrochen ist – ein typisches Konstruktionsmerkmal nahezu sämtlicher Selbstladepistolen des italienischen Konzerns. Während der Lauf der *Beretta M 81* beweglich gelagert ist, wurde der Lauf der *FN 140 DA* fest mit dem Griffstück verbunden. Abgesehen davon sind der Mechanismus des Spannabzuges *(DA – Double Action)*, die hohe Magazinkapazität, die Sicherungseinrichtung und der beidseitig zu betätigende Verschlußfanghebel bei beiden Waffen identisch. Was die Formgebung der außenliegenden Bedienelemente anbelangt, sind geringfügige Unterschiede festzustellen, jedoch nicht in bezug auf deren Funktion.

Die *FN DA 140* Selbstladepistole ist in den Kalibern 7,65 mm Browning (7,65 mm X 17) und

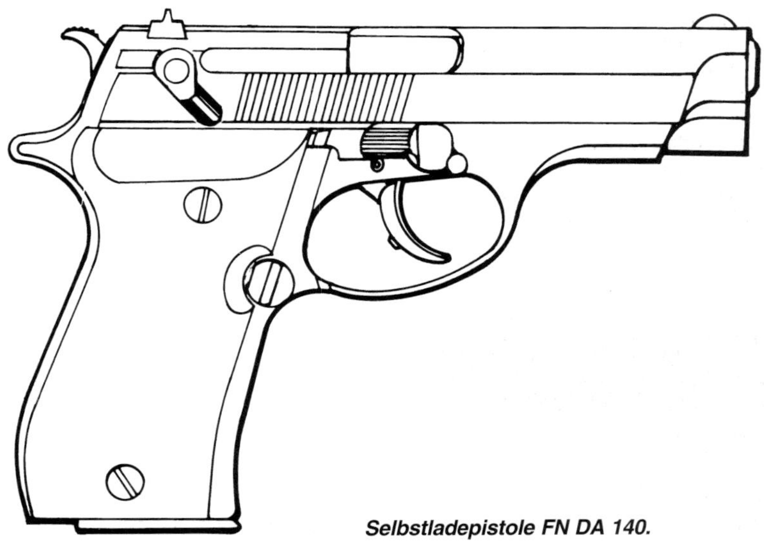

Selbstladepistole FN DA 140.

9 mm kurz (9 mm X 17) lieferbar. Sie wird in den USA mit der Bezeichnung *BDA 380* ebenfalls in diesen beiden Kalibern angeboten, wobei die zum Verschießen der Patrone 9 mm kurz (US-Bezeichnung .380 ACP) eingerichtete Version bei Polizei und Sicherheitsorganen weit verbreitet ist.

Selbstladepistole FN DA 140 im Kaliber 7,65 mm X 17 (.32 ACP). Die Ähnlichkeit mit der Beretta Modell 81 ist unverkennbar.

Technische Daten:
Kaliber: 9 mm X 17 (9 mm kurz/.380 ACP)
Funktion: Rückstoßlader mit feststehendem Lauf, unverriegelter Masseverschluß
Länge: 173 mm
Gewicht, ungeladen: 640 g
Lauf: 96 mm, 6 Züge, Rechtsdrall
Magazin: Stangenmagazin für 13 Patronen
Mündungsgeschwindigkeit: 290 Meter pro Sekunde

Selbstladepistole FN BDA 380 im Kaliber 9 mm kurz (.380 ACP) mit Griffschalen aus Walnußholz.

Hersteller: FN Herstal SA, Herstal

Das Konstruktionsprinzip der Selbstladepistole *GP 9 DA* wurde von der klassischen FN *GP 35* (High Power) übernommen. Wie das berühmte Vorbild ist auch die *GP 9 DA* ein Rückstoßlader mit kurz zurückgleitendem Lauf, sie wurde jedoch modifiziert und teilweise erheblich verbessert. Die wesentlichste Veränderung erfuhr das Abzugssystem, bei dem sowohl ein Spannen des Schlaghebels von Hand *(Single Action)* als auch über den Abzug möglich ist *(Double Action –* Spannabzug). Ein beidseitig zu bedienender Entspannhebel gestattet das gefahrlose Entspannen des Schlaghebels. Eine Schlagbolzensperre, die nur bei Betätigung des Abzugs aufgehoben wird, legt den Schlagbolzen fest. Der üblicherweise auf der linken Seite angeordnete Knopf des Magazinhalters kann mühelos auf die rechte Seite verlegt werden, so daß die Waffe auch von einem Linkshänder problemlos bedient werden kann.

Zum Entspannen wird der Entspannhebel nach oben gedrückt. Dadurch löst der Schlaghebel aus, wird aber von einer Sicherungsrast gefangen, bevor er den Schlagbolzen trifft. Da dieser durch die unabhängig wirkende Schlagbolzensperre festgelegt ist, wird eine unbeabsichtigte Schußauslösung selbst bei Versagen der Entspannvorrichtung verhindert. Ist die Schlageinrichtung entspannt, kann die fertiggeladene Pistole gefahrlos geführt werden. Soll bei entspanntem Schlaghebel ein Schuß abgegeben werden, so muß lediglich der Abzug betätigt werden. Dabei wird der Schlaghebel selbsttätig gespannt und ausgelöst. Die Schlagbolzensperre wird unmittelbar vor Auslösen des Schlaghebels automatisch aufgehoben, der Schlaghebel trifft auf den Schlagbolzen und dieser zündet die Patrone.

Was die Formgebung anbelangt, so ist die Ähnlichkeit der *GP 9 DA* mit der *GP 35* unverkennbar. Sie unterscheidet sich äußerlich von dieser hauptsächlich durch den großen, nach vorne verlängerten Abzugsbügel, der erforderlich war, um den Spannabzug mit dem langen Abzugsweg unterzubringen. Zudem ist die Vorderseite des Abzugsbügel so ausgeformt, daß die Waffe im beidhändigen Anschlag griffgünstig zu erfassen ist. Weitere erkennbare Unterschiede sind der verringerte Überstand des Schlaghebels, die anatomisch geformten Griffschalen sowie die verbesserte Visierung.

Technische Daten:
Kaliber: 9 mm X 19 (9 mm Parabellum)
Funktion: Rückstoßlader mit kurz zurückgleitendem Lauf, Schwenklaufverriegelung
Länge: 200 mm
Gewicht, ungeladen: 905 g
Lauf: 118 mm, 6 Züge, Rechtsdrall
Magazin: Stangenmagazin für 14 Patronen
Mündungsgeschwindigkeit: 350 Meter pro Sekunde

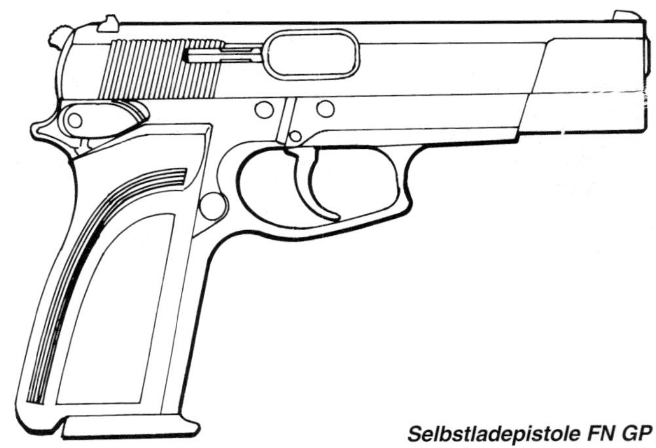

Selbstladepistole FN GP 9 DA.

Die Werksaufnahmen veranschaulichen die Ähnlichkeit der GP 9 DA mit ihrem Vorbild, der GP 35. Oben ein belgischer Soldat im beidhändigen Anschlag.

Hersteller: Staatliche Waffenfabriken
(Modell-Variante: Typ 76)

Diese Pistole ist insofern ungewöhnlich, als sie serienmäßig als schallgedämpfte Waffe konzipiert ist, eine nicht schallgedämpfte Version existiert nicht.
Das Griffstück ist nach vorne verlängert und trägt einen Laufmantel, der das Schalldämpfersystem aufnimmt. Dieses besteht aus einer zylindrischen Röhre aus feinem Drahtgeflecht, in die mehrere Gummischeiben eingesetzt sind. Zusammengehalten wird diese Vorrichtung von mehreren durchbrochenen Metallringen. Der feststehende Lauf der Waffe ist relativ kurz und mündet in die Drahtgeflechtröhre. Bei der Schußabgabe passiert das Geschoß die Schalldämpfereinrichtung und tritt durch eine überkalibrige Bohrung aus. Durch die Verwirbelung in den Zellen zwischen den als Schikanen wirkenden Gummischeiben wird die Expansionsgeschwindigkeit der Pulvergase hinter dem Geschoß so weit reduziert, daß sie am Ende des Schalldämpfers mit Unterschallgeschwindigkeit austreten. Die den Mündungsknall verursachende Stoßwelle breitet sich dadurch so langsam aus, daß nur ein schwacher oder gar kein Mündungsknall entsteht.
Der im hinteren Teil des Griffstücks gelagerte Verschluß wird durch den über den Hülsenboden auf den Stoßboden wirkenden Rückdruck geöffnet. Dabei wird der Schlagbolzen gespannt und vom Spannstück in hinterster Stellung gefangen. Beim Vorlauf wird aus dem Magazin eine Patrone zugeführt. Mittels eines im Verschluß drehbar gelagerten Warzenriegels läßt sich der Verschluß allerdings in seiner vordersten Stellung festlegen. Diese Verriegelung verhindert ein Öffnen bei der Schußabgabe. Bei passender Gelegenheit kann die Verriegelung außer Funktion gesetzt und die Hülse durch manuelles Betätigen des Verschlusses ausgezogen und ausgeworfen werden. Die Waffe ist zum Verschießen einer speziellen Patrone eingerichtet, die ebenfalls als *Typ 64* bezeichnet wird. Sie ähnelt zwar der Patrone 7,65 mm Browning (7,65 mm X 17), im Unterschied zu deren Hülse mit Halbrand ist der Hülsenrand der Patrone *Typ 64* jedoch eingezogen (randlose Hülse); die Treibladung ist außerdem reduziert und auf die Verwendung in einer schallgedämpften Waffe abgestimmt.

Bei der Variante *Typ 67* handelt es sich um eine Weiterentwicklung mit dem gleichen Konstruktionsprinzip. Der Schalldämpfer wurde jedoch in einer schlankeren Röhre untergebracht. Damit ist diese Pistole nicht so unförmig und läßt sich leichter – auch verdeckt – führen.

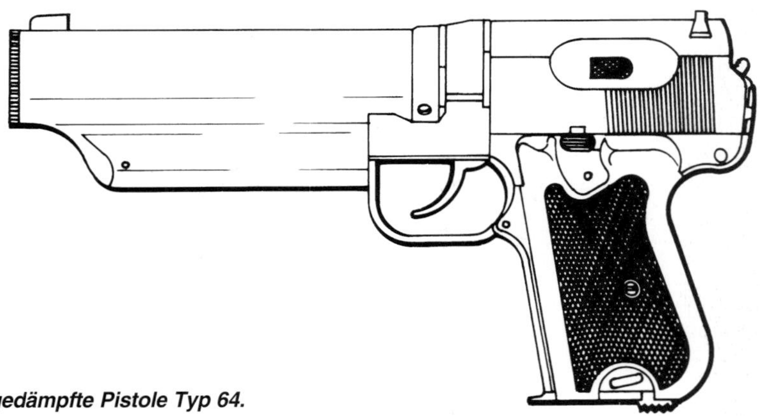

Schallgedämpfte Pistole Typ 64.

Technische Daten:
Kaliber: 7,65 mm X 17 (Sondermunition Typ 64)
Funktion: Rückstoßlader mit feststehendem Lauf, unverriegelter Masseverschluß
Länge: 222 mm
Gewicht, ungeladen: 1,81 kg
Lauf: 95 mm
Magazin: Stangenmagazin für 9 Patronen
Mündungsgeschwindigkeit: 205 Meter pro Sekunde

***Oben:* Pistole Typ 67, eine verbesserte Ausführung der Pistole Typ 64.**

***Links:* Die Bestandteile des Schalldämpfers der Pistole Typ 67.**

***Rechts:* Pistole Typ 64.**

HECKLER & KOCH P 9 S — DEUTSCHLAND

Hersteller: Heckler & Koch GmbH, Oberndorf am Neckar
(Modell-Variante: P 9)

Die gegen Ende der 40er Jahre gegründete Firma Heckler & Koch, die zunächst Werkzeugmaschinen gebaut hatte, entwickelte in der Folge eine Selbstladepistole mit der Bezeichnung *HK 4*, die sich mit wenigen Handgriffen auf vier verschiedene Kaliber umrüsten ließ (9 mm X 17, 7,65 mm X 17, 6,35 mm X 15,5 und .22 l.f.B.). Danach entwickelte sie das später bei der Bundeswehr eingeführte Gewehr *G 3*. Hierbei war ein beweglich abgestützter Rollenverschluß zu einem Verschlußsystem perfektioniert worden, das – nachdem das Gewehr zur Serienreife entwickelt worden war – auch bei der Konstruktion einer Selbstladepistole zur Anwendung kam. Dieses als *P 9* bezeichnete Pistolenmodell wurde später modifiziert zur Selbstladepistole *P 9 S*, die bei den Streitkräften und Polizeien mehrerer Staaten eingeführt wurde.
Bei diesem Verschlußsystem wird der durch den Rückstoß entstehende Impuls zum größten Teil auf das Griffstück, und nur zu einem geringen Teil auf den Verschluß übertragen, wodurch die auf die Hand des Schützen wirkenden Kräfte geringer sind als bei Konstruktionen mit großem Verschlußimpuls. An den fest mit dem Griffstück verbundenen Lauf sind am Laufmundstück zwei seitliche Wangen angearbeitet, zwischen denen der Verschlußkopf gleitet. Der Verschlußkopf ist beweglich auf dem Verschlußträger angeordnet, der fest mit dem Verschluß verbunden ist. Bei der Schußabgabe wirkt der Rückstoß zunächst auf den Verschlußkopf, von dem die Kräfte über die senkrecht stehenden Rollen teilweise auf den Verschlußträger, teilweise auf die Laufwangen und damit auf das Griffstück übertragen werden. Dadurch werden Verschlußträger und Verschluß zurückgeworfen, bis die Rollen die Verbindung von Verschlußkopf und Laufwangen lösen und der Verschlußkopf vom Verschlußträger mitgenommen werden kann.
Ist der verdeckte Schlaghebel gespannt, tritt unterhalb des Verschlusses ein Stift aus der Hinterseite des Griffstücks. Seitlich am Griffstück befindet sich ein Mehrzweckhebel. Ist bei eingesetztem Magazin der Verschluß in hinterster Stellung gefangen worden, so wird er durch Druck

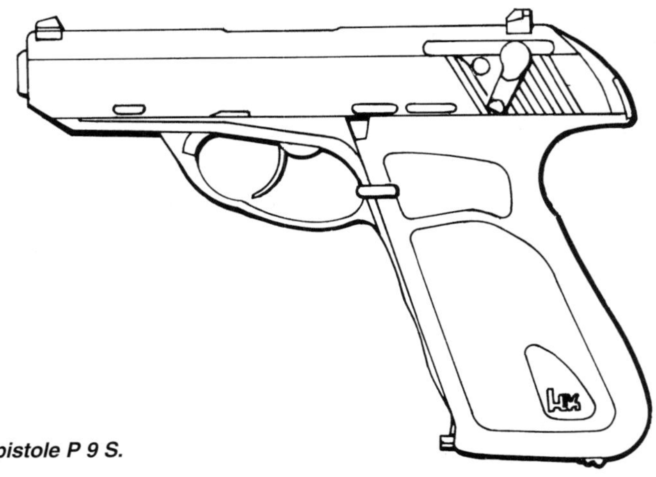

Selbstladepistole P 9 S.

auf den Hebel wieder freigegeben und schnellt nach vorn. Wird der Hebel ganz nach unten gedrückt, wird der Schlaghebel gespannt. Ebenso läßt sich über diesen Hebel der Schlaghebel entspannen. Dazu muß die entladene Waffe entsichert, der Spannhebel niedergedrückt, der Abzug durchgekrümmt und der Spannhebel langsam nach oben geführt werden. Das Spannabzugssystem der Pistole *P 9 S* macht – im Gegensatz zur Pistole *P 9* mit Hahnspann-Abzugssystem – ein Spannen des Schlaghebels vor Abgabe des ersten Schusses überflüssig.

Der Verschluß der Waffe besteht aus einem Prägeteil mit eingedrückten Führungsleisten, das Griffstück ebenfalls aus Prägeteilen, die verschweißt und teilweise mit Kunststoff ummantelt sind.

Neben dem Standardkaliber 9 mm X 19 wurden beide Pistolenmodelle in den Kalibern .45 ACP (11,43 mm X 23) und 7,65 mm Parabellum (7,65 mm X 22) angeboten. Während die Produktion von Waffen für die Patrone 7,65 mm Parabellum bereits vor Jahren wegen mangelnder Nachfrage eingestellt wurde, sind die Waffen im Kaliber .45 ACP in den USA nach wie vor sehr gefragt.

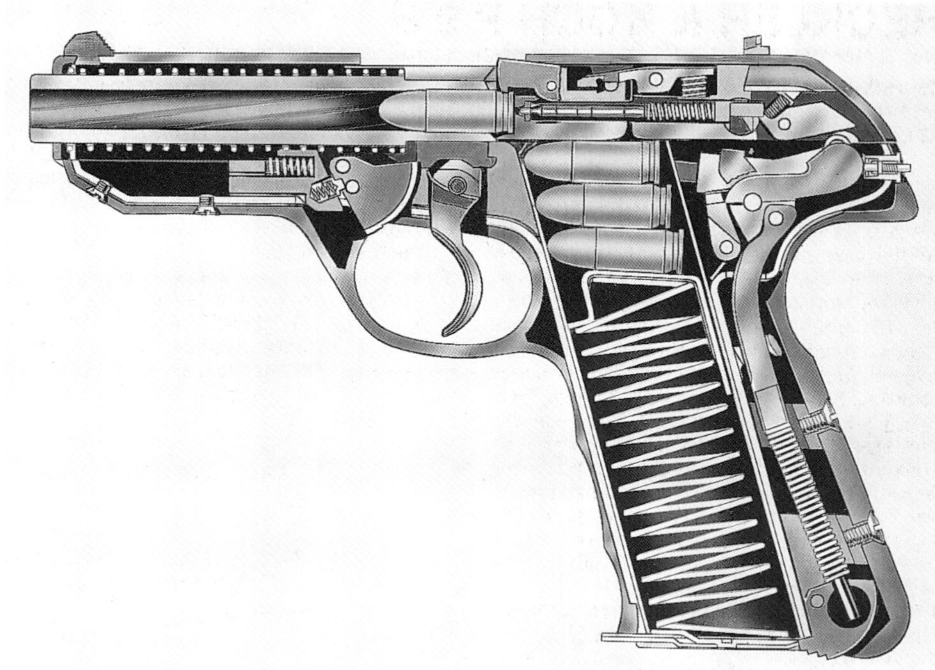

Selbstladepistole P 9 – Röntgenschnitt.

Technische Daten:
Kaliber: 9 mm X 19 (9 mm Parabellum)
Funktion: Rückstoßlader mit gehäusefestem Lauf, beweglich abgestützter Rollenverschluß
Länge: 192 mm
Gewicht, ungeladen: 880 g
Lauf: 102 mm, Polygonprofil, 6 Züge, Rechtsdrall
Magazin: Stangenmagazin für 9 Patronen
Mündungsgeschwindigkeit: 350 Meter pro Sekunde

Hersteller: Heckler & Koch GmbH, Oberndorf am Neckar
(Modell-Varianten: P 7 M8, P 7 M13, P 7 K3, P 7 PT)

Mitte der 70er Jahre forderten die deutschen Länderpolizeien eine neue, speziell auf die Bedürfnisse des polizeilichen Einsatzes zugeschnittene Selbstladepistole. Hierzu stellten sie einen umfangreichen Katalog von Forderungen auf. Die Polizeipistole der neuen Generation sollte zum Verschießen der Patrone Kaliber 9 mm X 19 eingerichtet, möglichst kompakt, in durchgeladenem Zustand gefahrlos tragbar und ohne Betätigung eines Entsicherungshebels sofort feuerbereit sein. Eine möglichst glatte Oberfläche sollte ein schnelles Ziehen aus dem Holster gewährleisten; außerdem mußte die Waffe für Linkshänder ebenso gut zu handhaben sein wie für Rechtshänder. Darüber hinaus wurde eine Lebensdauer von mindestens 10 000 Schuß gefordert. Bedingung war eine Länge von maximal 180 mm, eine Höhe von maximal 130 mm, eine Breite von maximal 34 mm und ein Höchstgewicht von 1000 g. Die Mündungsenergie sollte mindestens 500 Joule betragen.
Die von Heckler & Koch vorgestellte Selbstladepistole *PSP* (Polizei-Selbstladepistole) führten mehrere Landespolizeien beziehungsweise deren Spezialeinheiten, die GSG 9 des Bundesgrenzschutzes und die Feldjäger der Bundeswehr als *P 7* (Pistole 7) ein. Mit der *P 7* kamen mehrere außergewöhnliche Ideen zur Anwendung, wodurch eine wirklich neue Pistole entstand. An technischen Besonderheiten sind die Verzögerung des Verschlußrücklaufs bei der Schußabgabe durch den Schwadendruck und der Griff-Spannhebel zu nennen. Der Spanngriff befindet sich auf der Vorderseite des Griffes und ist unten am Griffstück angelenkt. Solange er sich in vorderster Stellung befindet, ist die Waffe entspannt. Das Eindrücken des Spanngriffs erfordert eine Kraft von etwa 7 Kilopond, wobei das Schlagbolzenschloß über einen dazwischenlie-

Selbstladepistole P 7 M13 – Sonderausführung mit verchromten beziehungsweise vernickelten Oberflächen

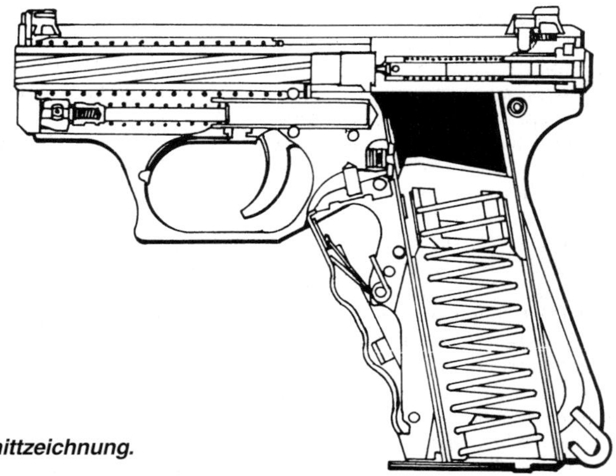

P 7 M8 – Schnittzeichnung.

genden Hebel gespannt wird. Ist die Waffe fertiggeladen, kann der Schuß ausgelöst werden.
Die Abzugscharakteristik bleibt sich – im Unterschied zu herkömmlichen Spannabzugspistolen – vom ersten bis zum letzten Schuß gleich:
Bei eingedrücktem Spanngriff wird der Spannhebel von einer Klinke gefaßt. Dadurch wird die Kraft, die erforderlich ist, um das Schloß in gespannter Stellung zu halten, auf etwa 500 bis 600 Pond verringert. Beim Loslassen des Spanngriffs wird die Klinke ausgehoben, der Spannhebel freigegeben und die Waffe gefahrlos entspannt. In entspanntem Zustand wird der Schlagbolzen durch eine innere automatische Fallsicherung blockiert. Die Pistole kann also gefahrlos in geladenem Zustand geführt werden. Zieht der Schütze beim Erfassen der Waffe den Abzug durch und drückt erst danach den Spanngriff ein, so wird der Schlagbolzen gespannt und abgeschlagen. Die Waffe besitzt keine manuelle Sicherung; der an der linken Seite des Griffstücks unterhalb des Verschlusses angebrachte Druckknopf dient der Betätigung des Demontageschiebers. Bemerkenswert ist die niedrige Lage des Laufes in bezug auf das Griffstück, wodurch der Rückstoß nur ein verhältnismäßig kleines Drehmoment erzeugen kann. Nach Abgabe des letzten Schusses wird der Verschluß in hinterster Stellung gefangen. Wird jetzt der Spanngriff freigegeben und wieder eingedrückt, wird der Verschluß freigegeben und schnellt nach vorne. Da sämtliche Bedienungshebel in der Symmetrieebene der Pistole liegen, läßt sie sich von Links- und Rechtshändern gleichermaßen gut handhaben.
Die Verzögerung des Verschlußrücklaufs bewirken Pulvergase. Durch eine Laufbohrung unmittelbar vor dem Patronenlager tritt ein Teil der Pulvergase unter hohem Druck (Schwadendruck) in einen als Zylinder ausgebildeten Bremsraum unter dem Lauf. Sie verzögern so über einen fest mit dem Verschluß verbundenen Kolben die nach hinten gerichtete Verschlußbewegung. Die Verzögerung wird so lange aufrechterhalten, bis das Geschoß den Lauf verlassen hat und der Gasdruck abgefallen ist.
Zwischenzeitlich ist die seit 1979 in Serie produzierte Selbstladepistole *P 7* in mehreren Ausführungen lieferbar. Bei der *P 7 M8* handelt es sich um eine verbesserte Ausführung der *P 7*. Die Visiereinrichtung wurde modifiziert und die Waffe mit einem beidseitig bedienbaren Magazinhaltehebel ausgestattet. Das Modell *P 7 M13* ist im wesentlichen baugleich mit der *P 7 M8*, verfügt aber über eine Magazinkapazität von 13 Patronen und hat ein entsprechend breiteres Griffstück. Bei der *P 7 K3* besteht die Möglichkeit, Wechselsysteme in den Kalibern .22 l.f.B., 7,65 mm Browning (7,65 mm X 17) und 9 mm kurz (9 mm X 17) einzulegen. Der Griffspannhebel wurde zwar beibehalten, jedoch verfügt dieses Modell lediglich über einen einfachen, nicht gebremsten Masseverschluß. Das Modell *P 7 PT* ist ausschließlich zum Verschießen von Plastik-Trainingsmunition eingerichtet.

Technische Daten:
Kaliber: 9 mm X 19 (9 mm Parabellum)
Funktion: Rückstoßlader mit feststehendem Lauf, verzögerter Masseverschluß
Länge: 166 mm
Gewicht, ungeladen: 815 g
Lauf: 105 mm, 6 Züge (Polygonprofil), Rechtsdrall
Magazin: Stangenmagazin für 8 Patronen
Mündungsgeschwindigkeit: 350 Meter pro Sekunde

P 7 M13 mit Reservemagazin und Patronen mit Hohlspitzgeschossen. Das doppelreihige Magazin verjüngt sich oben zu einer Reihe – diese Konstruktionsmaßnahme geht zwar auf Kosten der Ladekapazität (13 statt 15 möglichen Patronen), entlastet jedoch die empfindlichen Magazinlippen und verhindert Zufuhrstörungen.

Hersteller: Waffenfabrik Carl Walther, Ulm/Donau

Die 1929 auf den Markt gebrachte Pistole *Walther PP* (Polizei-Pistole) war die erste wirklich brauchbare Selbstladepistole mit Spannabzug, deren Konstruktion allen anderen Selbstladepistolen der damaligen Zeit überlegen war.
Der Spannabzug erlaubt die Abgabe des ersten Schusses bei geladener, entspannter Waffe durch einfaches Durchkrümmen des Abzugs, während für die Abgabe weiterer Schüsse lediglich der Abzug ausgelöst werden muß. Um ein gefahrloses Führen der entspannten, fertig geladenen Waffe zu ermöglichen, verfügt die Pistole über eine automatische, mit dem Abzug gekoppelte Sicherung. Befindet sich der Abzug in vorderster Stellung, verhindert ein im Griffstück gelagerter Riegel, daß der Schlaghebel den Schlagbolzen erreichen kann. Wird der Abzug zur Schußabgabe durchgekrümmt, wird der Riegel verschoben und der Weg des Schlaghebels freigegeben. Die außenliegende Sicherung (Sicherungshebel an der linken Seite des Verschlusses) legt sich mit dem vollen Teil einer Welle so vor den Schlagbolzen, daß dieser nicht vom Schlaghebel getroffen werden kann. Außerdem wirkt sie auf einen innenliegenden Entspannhebel, der ein gefahrloses Entspannen des Schlaghebels ermöglicht. Befindet sich eine Patrone im Patronenlager, wird ein Signalstift vom Patronenboden so weit verschoben, daß er deutlich sichtbar und fühlbar über dem Schlaghebel aus dem Verschluß hervortritt.
Während des II. Weltkrieges war die *PP* als Ordonnanzpistole – vor allem bei der Luftwaffe – eingeführt. Nach Kriegsende waren die wesentlichen Konstruktionsmerkmale der Pistole noch immer patentrechtlich geschützt. Carl Walther, der zusammen mit seinem Bruder Fritz Walther die *PP* konstruiert hatte, vergab die Lizenzrechte an die französische Firma Manurhin, wo sie ab 1952 mehrere Jahre in Serie produziert wurde. Zwischenzeitlich wird die *Walther PP* wieder beim Lizenzgeber Walther gefertigt und die Serienproduktion läuft noch immer – 64 Jahre

Walther PP im Kaliber .22 l.f.B.

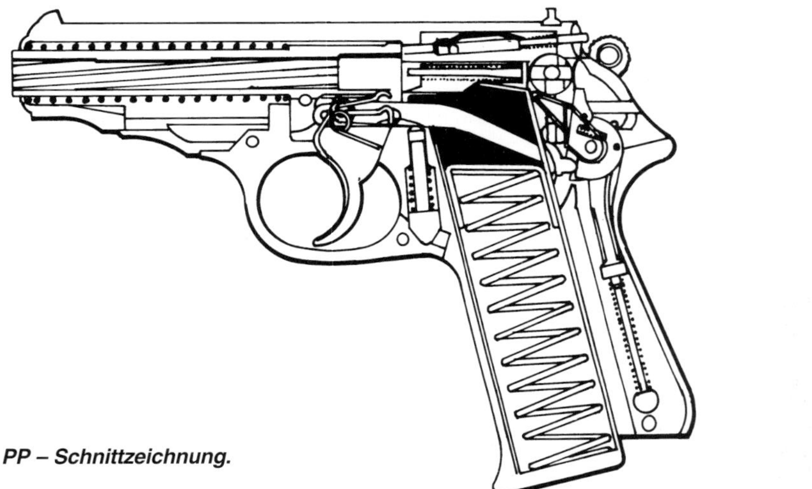

Walther PP – Schnittzeichnung.

nachdem die *PP* auf den Markt kam. Nach Ablauf der Patentrechte (teilweise auch zuvor) wurde die *PP* vor allem in Ländern des Ostblocks kopiert und einer ganzen Reihe von Pistolenkonstruktionen diente sie ganz offensichtlich als Vorlage. Die ursprünglich zum Verschießen der Patrone 7,65 mm Browning (7,65 mm X 17) eingerichtete Pistole wurde später in den Kalibern .22 l.f.B., 6,35 mm Browning (6,35 mm X 15,5) und 9 mm kurz (9 mm X 17) angeboten, ist jedoch in diesen Kalibern bei weitem nicht so weit verbreitet.

Eine vor dem II. Weltkrieg in Zella-Mehlis gefertigte Walther PP im Kaliber 7,65 mm.

Technische Daten:
Kaliber: 7,65 mm X 17
Funktion: Rückstoßlader mit feststehendem Lauf, Masseverschluß
Länge: 172 mm
Gewicht, ungeladen: 680 g
Lauf: 99 mm, 6 Züge, Rechtsdrall
Magazin: Stangenmagazin für 8 Patronen
Mündungsgeschwindigkeit: 290 Meter pro Sekunde

Hersteller: Waffenfabrik Carl Walther, Ulm/Donau
(Modell-Varianten: PPK/S, TPH)

Nachdem sich die Selbstladepistole *Walther PP* rasch durchgesetzt hatte und während der 30er Jahre bei einer Reihe europäischer Staaten als Polizei-Dienstpistole eingeführt worden war, bestand zunehmend Bedarf auch an einer kleineren Pistole, die von Polizeibeamten in Zivil unauffällig verdeckt geführt werden konnte. Walther entwickelte darauf hin das Modell *PPK* (Polizei-Pistole, Kriminalmodell) speziell für die Beamten der Kriminalpolizei.

Die 1931 vorgestellte Selbstladepistole *PPK* war eine verkleinerte Version der *PP*, von geringerer Länge und Höhe als diese und mit einem entsprechend verkürzten Magazin. Die Abzugs einrichtung und die Sicherungseinrichtungen blieben unverändert, jedoch wurde das Griffstück erheblich abgewandelt. Der Griffrücken der *PP* war sorgfältig ausgeformt und aus dem Griffstück herausgearbeitet, an das zwei Griffschalen angeschraubt waren. Das Griffstück der *PPK* bestand dagegen aus einer einfachen rechteckigen Rahmenkonstruktion, auf die eine einteilige, ausgeformte Griffschale aus Kunststoff aufgesteckt wurde, die eine gute Handlage ermöglichte. Wegen des kurzen Griffstücks erhielt das Magazin eine Verlängerung aus Kunststoff, wodurch dieser Nachteil ausgeglichen werden sollte.

Die *PPK* war ebenso wie die PP eine erfolgreiche Konstruktion, die bei vielen Dienststellen eingeführt war. Nach dem II. Weltkrieg wurde sie ebenfalls bei Manurhin in Lizenz gefertigt, bevor Walther die Produktion wieder aufnahm. Sie wird dort in den Kalibern .22 l.f.B., 6,35 mm Browning (6,35 mm X 15,5), 7,65 mm Browning (7,65 mm X 17) und 9 mm kurz (9 mm X 17) weiterhin gefertigt.

In den 60er Jahren war die *PPK* in den USA bei Polizeibeamten als privat beschaffte Zweitwaffe sehr beliebt, 1968 wurde jedoch ein Gesetz erlassen, das die Einfuhr von Selbstladepistolen auf Waffen von mindestens 4 Zoll (10,26 cm) Höhe beschränkte. Da die Höhe der *PPK* – gemessen von der Oberkante des Verschlusses bis zur Unterkante des Griffstücks – lediglich 3,9 Zoll (9,90 mm) beträgt, war sie somit vom lukrativen amerikanischen Markt verbannt. Speziell für den amerikanischen Markt wurde deshalb im Hause Walther das Modell *PPK/S* geschaffen, wobei auf das Griffstück der PP-Lauf und Verschluß der *PPK* aufgesetzt sind. Damit ist die Waffe genauso kompakt wie die *PPK*; da sie 4,1 Zoll (10,41 cm) in der Höhe mißt, kann sie jedoch legal in die USA eingeführt werden.

Das Modell *TPH* (Taschen-Pistole, Hahn) kann als weitere Modell-Variante angesehen werden. Dabei handelt es sich im wesentlichen um eine verkleinerte Version der *PPK*, die in den Kalibern .22 l.f.B. oder 6,35 mm Browning (6,35 mm X 15,5) angeboten wird. Diese 1969 auf den Markt gebrachte Westentaschenpistole mit einer Länge von lediglich 135 mm kommt allerdings wegen

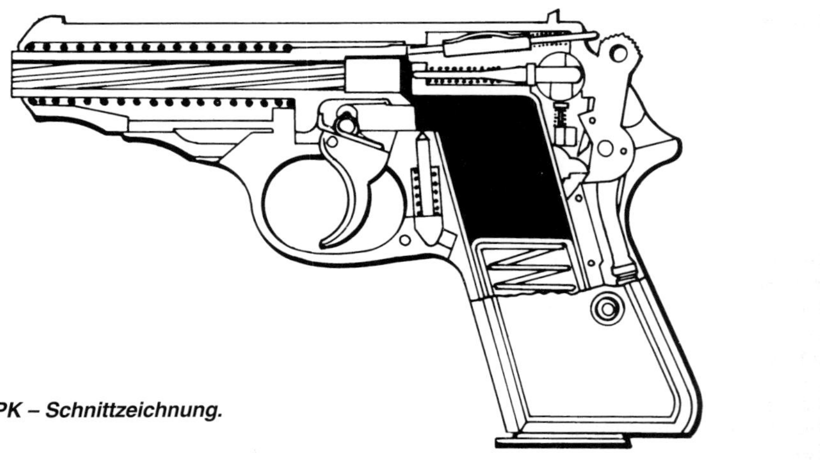

Walther PPK – Schnittzeichnung.

des kleinen Kalibers für den Einsatz bei Polizei und Militär kaum in Frage. Die US-Firma Interarms fertigt in Walther-Lizenz die TPH in rostträger Ganzstahlausführung.

Westentaschenpistole TPH im Kaliber .22 .

Eine in Zella-Mehlis vor dem Krieg gefertigte PPK im Kaliber 7,65 mm Browning.

Technische Daten:
Kaliber: 7,65 mm X 17 (7,65 mm Browning)
Funktion: Rückstoßlader mit feststehendem Lauf, Masseverschluß
Gewicht, ungeladen: 590 g
Lauf: 80 mm, 6 Züge, Rechtsdrall
Magazin: Stangenmagazin für 7 Patronen
Mündungsgeschwindigkeit: 280 Meter pro Sekunde

WALTHER P 38 DEUTSCHLAND

Hersteller: Waffenfabrik Carl Walther

Nachdem die *Pistole 08* lange Zeit als Ordonnanzpistole eingeführt war, forderte die Wehrmacht Mitte der 30er Jahre eine Pistole, die auf dem neuesten Stand der Technik und billiger in der Herstellung sein sollte. Walther stellte daraufhin eine Pistole mit Masseverschluß im Kaliber 9 mm Parabellum vor (Modell 6), deren Konstruktion für diese Patrone jedoch zu schwach war und die als Ordonnanzpistole verworfen wurde.
Im nächsten Anlauf entwickelte Walther eine Selbstladepistole mit starr verriegeltem Verschluß und innenliegendem Schlagstück (*Modell AP*). Da bei derartigen Konstruktionen nicht auf den ersten Blick zu erkennen ist, ob die Waffe gespannt oder entspannt ist, wurde auch dieses Modell nicht als Ordonnanzpistole angenommen. Schließlich legte Walther ein als *Heerespistole (HP)* bezeichnetes Modell mit starrer Verriegelung und außenliegendem Schlaghebel vor, das 1938 mit der Bezeichnung *Pistole 38* als Ordonnanz-Seitenwaffe eingeführt wurde.
Durch den freiliegenden Lauf der *P 38* ist eine – zumindest eingeschränkte – Funktion der Waffe auch im Falle einer Laufaufbauchung sichergestellt. Dem Funktionsprinzip nach ist die P 38 ein Rückstoßlader mit kurz zurückgleitendem Lauf und starrer Verriegelung. Lauf und Verschluß werden über einen von unten eingreifenden Schwenkriegel starr miteinander verbunden. Bei der Schußabgabe gleiten Lauf und Verschluß gemeinsam etwa 5 mm bis 7 mm nach hinten. Danach stößt ein Entriegelungsbolzen am Laufmundstück gegen die Stirnseite des Griffstücks und schwenkt den Riegel nach unten in eine Vertiefung. Die Verriegelungsansätze treten aus den entsprechenden Aussparungen im Verschluß heraus; der Verschluß setzt seinen Rücklauf gegen den Druck der beidseitig im Griffstück gelagerten Schließfedern alleine fort. Dabei wird die Hülse ausgezogen, nach links ausgeworfen und der Schlaghebel gespannt. Beim Vorlauf wird eine Patrone aus dem Magazin ausgestoßen und zugeführt. Der Riegel wird über eine Schrägfläche nach oben geschwenkt und die Verriegelungsansätze treten in die Aussparungen

Selbstladepistole Walther P 38.

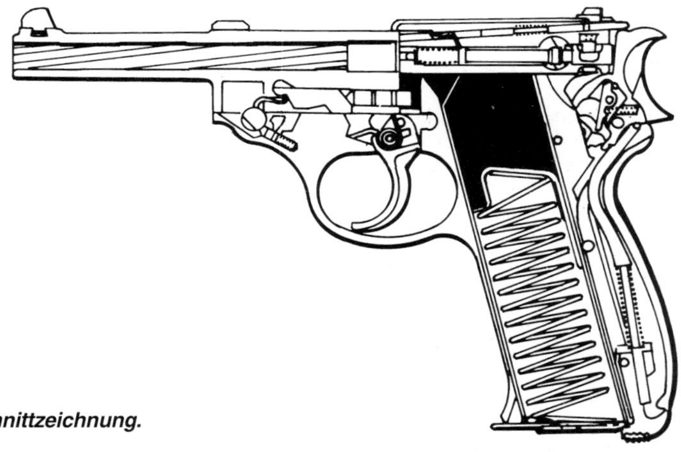

P 38 – Schnittzeichnung.

im Verschluß ein. Sobald sich Lauf und Verschluß in vorderster Stellung befinden, ist die Verriegelung hergestellt.
Bei der Konstruktion der *P 38* wurde der Spannabzug der Modelle *PP* und *PPK* ebenso übernommen wie die Sicherungseinrichtungen mit a) dem Sicherungshebel, der ein gefahrloses Entspannen des Schlaghebels bei fertiggeladener Waffe ermöglicht, b) der innenliegenden automatischen Schlagbolzensicherung sowie c) dem Signalstift, der sichtbar und fühlbar anzeigt, ob sich eine Patrone im Lauf befindet.
Es stellte sich zwar heraus, daß der Stückpreis einer *P 38* kaum niedriger lag als bei der *Pistole 08*, sie war jedoch wesentlich einfacher und rascher zu fertigen. Dennoch war Walther alleine nicht in der Lage, die geforderten Stückzahlen zu erzeugen, so daß auch andere Unternehmen mit der Fertigung der *P 38* beauftragt wurden, darunter die Spreewerke in Berlin-Spandau und die Waffenfabrik Mauser in Oberndorf.
Die zwischenzeitlich in Ulm ansässige Firma Walther nahm 1957 die Produktion der *P 38* erneut auf, die mit der Bezeichnung *P 1* bei der Bundeswehr eingeführt wurde. Daneben führten sie die Streitkräfte weiterer Staaten sowie die Polizeien mehrerer Bundesländer ein. Bei dieser Version wird das Griffstück – anstatt aus Stahl wie bei den Waffen aus Vorkriegs- und Kriegsfertigung – aus einer als Duraluminium bezeichneten Leichtmetall-Legierung hergestellt. Mitte der 70er Jahre wurde eine kurzläufige Version mit der Bezeichnung P 38K entwickelt, deren Lauf erheblich verkürzt und bei der das Korn der Visiereinrichtung auf der Verschlußbrücke angeordnet war. Bei einem Modell mit der Bezeichnung *P 4* handelte es sich gleichfalls um eine Kurz-Version mit einer Lauflänge größer als bei der *P 38K*, jedoch kürzer als bei der *P 38*. Die Produktion dieser beiden Modelle wurde jedoch schon bald wieder eingestellt. Inzwischen ersetzte die Bundeswehr die *P 1* durch die *P 8* mit 15-Schuß-Magazin und Montageschiene zur Aufnahme eines Laserzielgerätes u.ä. (Modell *USP* von Heckler & Koch)

Selbstladepistole Walther P38K.

Technische Daten:
Kaliber: 9 mm X 19 (9 mm Parabellum)
Funktion: Rückstoßlader mit kurz zurückgleitendem Lauf, Sperrklinkenverschluß
Länge: 215 mm
Gewicht, ungeladen: 960 g (Stahl-Griffstück); 780 g (Leichtmetall-Griffstück)
Lauf: 127 mm, 6 Züge, Rechtsdrall
Magazin: Stangenmagazin für 8 Patronen
Mündungsgeschwindigkeit: 350 Meter pro Sekunde

Hersteller: Waffenfabrik Carl Walther, Ulm/Donau

Aufgrund der Forderung nach einer neuen Polizeipistole im Kaliber 9 mm Parabellum Mitte der 70er Jahre wurde auch die Selbstladepistole *P 5* entwickelt. Das `Pflichtenheft Faustfeuerwaffen' verlangte unter anderem einen Spannabzug, eine hohe Magazinkapazität sowie eine möglichst hohe Feuerbereitschaft. In der Folge kam es zur Entwicklung einer völlig neuen Generation an Polizeipistolen.

Bei der *P 5* handelt es sich im Grunde um eine Weiterentwicklung der *P 38*, wobei deren Verriegelungssystem wiederverwendet wurde. Die Ähnlichkeit mit der *P 38* ist unverkennbar, trotz des auffällig kurzen Laufes und der geschlossenen Konstruktion des Verschlusses.

Um den Anforderungen des Pflichtenheftes zu genügen, wurden die Sicherungseinrichtungen jedoch völlig überarbeitet. Ein von außen zu bedienendes Sicherungselement ist nicht mehr vorhanden. Stattdessen ist die *P 5* mit einer abschwenkbaren Schlagbolzensicherung ausgerüstet, die den Schlagbolzen im Verschluß blockiert. Der Schlaghebel hat eine Aussparung, die in der entspannten Stellung dem Schlagbolzen gegenüberliegt. Bei einem Stoß auf den Schlaghebel wird dieser am Verschluß blockiert und kann nicht auf den Schlagbolzen treffen. Nur bei Betätigung des Abzugs wird der Schlagbolzen so weit angehoben, daß er von der Schlagfläche des Schlaghebels erreicht werden kann. Dabei wird unmittelbar vor Freigabe des Schlaghebels die Sperrung des Schlagbolzens aufgehoben. Beim Loslassen des Abzugs wird der Schlagbolzen abgeschwenkt und automatisch gesperrt. Der Bedienungshebel, der an der linken Seite des Griffstücks so angeordnet ist, daß er mit der Schießhand betätigt werden kann, ermöglicht das gefahrlose Entspannen des Schlaghebels, wobei der Schlagbolzen gesperrt bleibt. Bei geöffnetem Verschluß wirkt der Bedienungshebel in einer Doppelfunktion als Verschlußfanghebel, über den der Verschluß freigegeben werden kann.

Die 1977 erstmals vorgestellte Waffe wurde ab 1980 bei den Polizeien mehrerer Bundesländer sowie bei der niederländischen Polizei als Dienstwaffe eingeführt und von den Streitkräften Portugals und einer Reihe anderer Staaten als Ordonnanzpistole beschafft. Auf Wunsch ist die *P 5* auch in den Kalibern 7,65 mm Parabellum (7,65 mm X 22) oder 9 mm X 21 lieferbar.

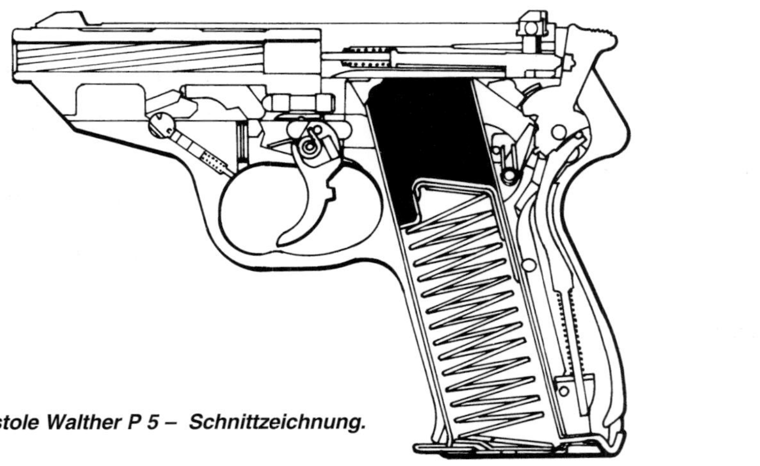

Selbstladepistole Walther P 5 – Schnittzeichnung.

Technische Daten:
Kaliber: 9 mm X 19 (9 mm Parabellum)
Funktion: Rückstoßlader mit kurz zurückgleitendem Lauf, Sperrklinkenverschluß
Länge: 180 mm
Gewicht, ungeladen: 787 g
Lauf: 90 mm, 6 Züge, Rechtsdrall
Magazin: Stangenmagazin für 8 Patronen
Mündungsgeschwindigkeit: 350 Meter pro Sekunde

Walther P 5.

WALTHER P 88 DEUTSCHLAND

Hersteller: Waffenfabrik Carl Walther, Ulm/Donau

Nachdem die *P 5* zunächst ein großer Verkaufserfolg gewesen war stellte sich jedoch bald heraus, daß sie – wie alle Pistolenmodelle mit der Sperrklinkenverriegelung der *P 38* – aufwendig herzustellen und dementsprechend kostspielig war. Kurze Zeit nachdem die *P 5* auf den Markt kam, wurden von anderen Herstellern neue, preisgünstigere Pistolenkonstruktionen angeboten, und die Verkaufszahlen der *P 5* gingen zurück. Man entwickelte deshalb im Hause Walther mit der *P 88* ein völlig neues Pistolenmodell, um die bisherige Stellung auf dem Markt zu behaupten. Die *P 88* wird derzeit parallel zur Polizeipistole *P 5* gefertigt, soll diese aber möglicherweise in der Zukunft ablösen.

Die 1988 erstmals vorgestellte Selbstladepistole *P 88* war eine völlige Neuentwicklung. Man war endlich von dem 1930 von F. Barthelmes entwickelten Schwenkriegelverschluß abgerückt und konstruierte erstmals eine Pistole mit der bewährten Browning-Schwenklaufverriegelung, bei welcher die starre mechanische Verbindung zwischen Lauf und Verschluß durch Abschwenken des Laufes aufgehoben wird. Die Verriegelung erfolgt bei der *P 88* jedoch nicht über Verriegelungswarzen an der Laufoberseite, die in entsprechende Nuten im Verschluß eingreifen. Stattdessen wurde am Laufmundstück ein rechteckiger Verriegelungsansatz angearbeitet, der in das Auswurffenster im Verschluß eingreift und so eine starre Verbindung zwischen Lauf und Verschluß herstellt. Dies vereinfachte die Fertigung erheblich, da die zur Einpassung von Riegelwarzen in Verriegelungsnuten notwendigen Arbeitsgänge kompliziert und zeitaufwendig sind.

Die *P 88* ist mit dem bewährten Walther-Spannabzugssystem ausgestattet. Wie bei der *P 5* ist der Schlagbolzen bei entspanntem Schlaghebel automatisch festgelegt und so abgeschwenkt, daß er von der Schlagfläche des Schlaghebels nicht erreicht werden kann. Erst bei Betätigung des Abzugs wird der Schlagbolzen – unmittelbar bevor der Schlaghebel ausgelöst wird – vor die Schlagfläche des Schlaghebels geschwenkt und freigegeben.

Selbstladepistole Walther P 88.

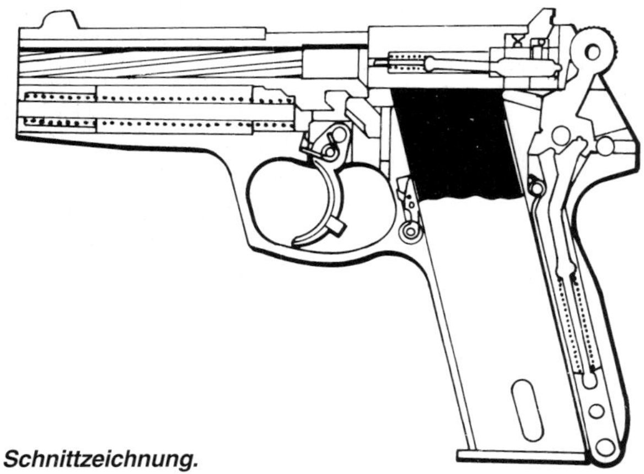

Walther P 88 – Schnittzeichnung.

Ein beidseitig angeordneter Doppelfunktions-Bedienhebel ermöglicht das gefahrlose Entspannen des Schlaghebels bei geladener Waffe. Ist der Verschluß in hinterster Stellung gefangen, läßt sich durch Betätigung des Bedienungshebels das Verschlußfangstück niederdrücken und der Verschluß wird freigegeben. Beidseitig angeordnet ist auch der Magazinhalter, der sowohl von einem Links- als auch von einem Rechtsschützen mit der Schießhand erreicht werden kann.

Die sorgfältig gearbeitete Visiereinrichtung erlaubt eine rasche Zielauffassung; die Kimme läßt sich mittels einer Schraube nach der Seite verstellen.

Die *P 88* wird neben der Standardausführung im Kaliber 9 mm X 19 auch in einer Version für die Patrone 9 mm X 21 angeboten. Diese Patrone wurde entwickelt zum Verkauf in Länder, in denen die Patrone 9 mm X 19 (9 mm Parabellum) an Privatpersonen nicht abgegeben werden darf. Zum Zeitpunkt der Entstehung dieses Buches wurde die *P 88* von den Streitkräften mehrerer Länder, darunter das britische Heer, eingehend erprobt.

Auf dieser Aufnahme der P 88 sind die griffgünstig angeordneten Bedienelemente deutlich zu erkennen.

Technische Daten:
Kaliber: 9 mm X 19 (9 mm Parabellum)
Funktion: Rückstoßlader mit kurz zurückgleitendem Lauf, Schwenklaufverriegelung
Länge: 187 mm
Gewicht, ungeladen: 900 g
Lauf: 102 mm, 6 Züge, Rechtsdrall
Magazin: Stangenmagazin für 15 Patronen
Mündungsgeschwindigkeit: 350 Meter pro Sekunde

Hersteller: Manufacture d'Armes de Bayonne, Bayonne
(Modell-Variante: PAPF 1)

Als die französischen Streitkräfte in den 70er Jahren die Forderung nach mehr Seitenwaffen erhoben, wandte man sich nicht wie bisher an die Manufacture d'Armes de St. Etienne (MAS) um zusätzliche Ordonnanzpistolen vom Typ *MAS 50* zu beschaffen. Man beschloß, an ein Unternehmen heranzutreten, das bisher Waffen für den zivilen Markt produziert hatte. Dabei hatte es sich überwiegend um kleinkalibrige Taschenpistolen gehandelt, aber ein gegen Ende der 60er Jahre entwickeltes Modell mit der Bezeichnung *R Para* war für die Patrone 9 mm Parabellum (9 mm X 19) eingerichtet. Die Funktion dieser Selbstladepistole beruht auf einem ungewöhnlichen Drehverschluß. Dabei greift die Riegelwarze am Lauf in eine entsprechende Riegelnut im Verschluß. Bei der Schußabgabe gleiten Lauf und Verschluß zunächst gemeinsam zurück. Beim Rücklauf wird der Lauf durch die im Griffstück geführte Schraubenleiste so weit gegen den Verschluß gedreht, daß die Riegelwarze aus der Riegelnut austritt und damit die Verriegelung von Verschluß und Lauf löst. Dabei bleibt die starre Verbindung zwischen Lauf und Verschluß so lange aufrechterhalten, bis das Geschoß den Lauf verlassen hat. Beim weiteren Rücklauf trennen sich nach Aufhebung der Verriegelung Lauf und Verschluß; der Verschluß setzt den Rücklauf alleine fort. Dabei wird die Hülse ausgeworfen und der außenliegende Schlaghebel gespannt. Beim Vorlauf des Verschlusses wird eine Patrone aus dem Magazin ausgestoßen, zugeführt, und der Verschluß in umgekehrter Abfolge der Bewegungen wieder verriegelt.

Mit einem abgeänderten Griffstück, das ein 15-Schuß-Magazin aufnehmen konnte, führten die französischen Streitkräften das Modell *R Para* unter der Bezeichnung *PA 15 (Pistolet Automatique 15* – Selbstladepistole 15) als Ordonnanzwaffe ein. Die Waffe war sorgfältig verarbeitet und erbrachte wegen des in Verlängerung der Seelenachse zurückgleitenden Laufes eine erheblich bessere Trefferleistung als die Pistole MAS 50 mit Schwenklauf. Um Sportschützen eine wettkampftaugliche Waffe anbieten zu können, wurde das Modell *PAPF 1* mit längerem Lauf und Verschluß sowie einer verstellbaren Visierung entwickelt. Das achtschüssige Modell *R Para*, jedoch mit Abnahmestempelung des Militärs, erhielt die Bezeichnung *PA 8*.

Unglücklicherweise geriet die Manufacture d'Armes de Bayonne anfangs der 80er-Jahre in finanzielle Schwierigkeiten und mußte Konkurs anmelden. Damit waren zukünftige Anschlußaufträge in Frage gestellt. Mit Unterstützung der Streitkräfte wurde eine neue Firma gegründet. Es

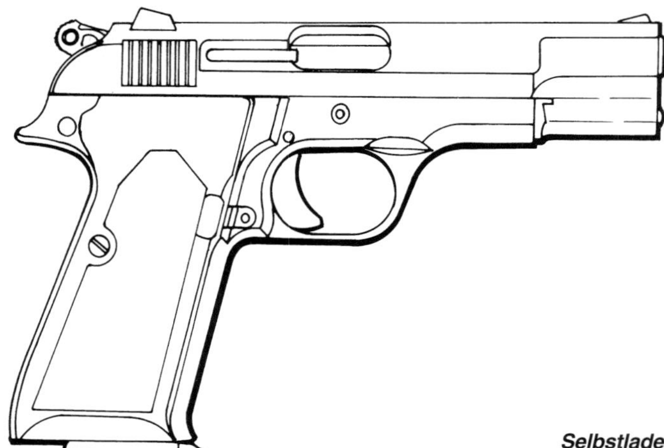

Selbstladepistole PA 15.

gelang diesem Unternehmen jedoch nicht, auf dem Markt Fuß zu fassen. Als bei den Streitkräften erneut Bedarf an Seitenwaffen bestand, waren sie gezwungen, die Selbstladepistole *Beretta 92* zu beschaffen.

Technische Daten:
Kaliber: 9 mm X 19 (9 mm Parabellum)
Funktion: Rückstoßlader mit kurz zurückgleitendem Lauf, Drehlaufverriegelung
Länge: 203 mm
Gewicht, ungeladen: 1070 g
Lauf: 114 mm, 6 Züge, Rechtsdrall
Magazin: Stangenmagazin für 15 Patronen
Mündungsgeschwindigkeit: 335 Meter pro Sekunde

Selbstladepistole PAPF 1.

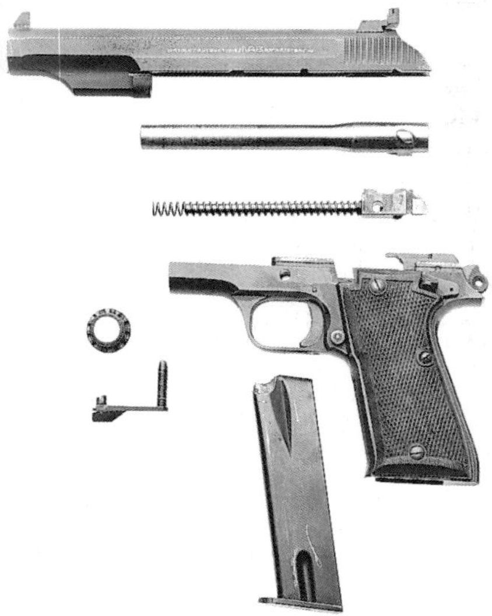

Die in ihre Hauptteile zerlegte Selbstladepistole PAPF 1.

DESERT EAGLE — ISRAEL

Hersteller: Ta'as Israel Industries, Ramat Hasharon

Ursprünglich war die *Desert Eagle* (Wüsten-Adler) als Sportwaffe zum Schießen auf schwere Silhouetten-Scheiben entwickelt worden, zwischenzeitlich wurde sie jedoch bei mindestens zwei Spezialeinheiten eingeführt, die eine Faustfeuerwaffe mit großer Durchschlagsleistung benötigen. Diese wuchtige und klobige Waffe ist bei weitem keine so groteske Konstruktion wie manch andere sogenannte Superpistole. Bei Verwendung entsprechend laborierter Munition läßt sie sich ebenso gut beherrschen wie die meisten Pistolen kompakterer Bauweise.

Die Konzeption der *Desert-Eagle*-Pistole fußt auf einer Entwicklung der skandinavischen Firma Husqvarna, die bei der Konstruktion der 1976 patentierten *Wildey-Pistole* Pate stand. Beide Waffen verwenden zwar einen starr verriegelten Drehkopfverschluß mit einem Steuernocken, der über eine Steuernut im Verschluß gedreht und damit entriegelt wird, die Gasdruckeinrichtungen sind jedoch völlig verschieden.

Bei der *Desert Eagle* wird ein Teil der bei der Schußabgabe entstehenden Pulvergase durch eine Bohrung (unmittelbar vor dem Patronenlager) über einen Kanal (im Griffstück) auf einen kurzhubigen Impulsgaskolben (unterhalb der Laufmündung) gelenkt. Der über den Gaskolben auf die Stirnseite des Verschlusses übertragene Impuls wirft diesen zurück und der Verschlußkopf wird entriegelt. Es leuchtet ein, daß ohne diese Umlenkung der Pulvergase ein frühzeitiges Öffnen des Verschlusses – mit allen sich daraus ergebenden Risiken für den Schützen – kaum zu vermeiden wäre. Die einzige Möglichkeit, dem zu begegnen, hätte darin bestanden, einen Verschluß mit einer wesentlich größeren Masse zu verwenden.

Die *Desert Eagle* Pistole ist auch insofern ungewöhnlich, als sie zum Verschießen der Revolver-Patrone Kaliber .357 Magnum (9 mm X 32) eingerichtet ist. Der Grund hierfür lag im Bestreben

Desert Eagle in einer Version mit überlangem Lauf und aufgesetztem Zielfernrohr zum sportlichen Schießen auf Metall-Silhouettenscheiben.

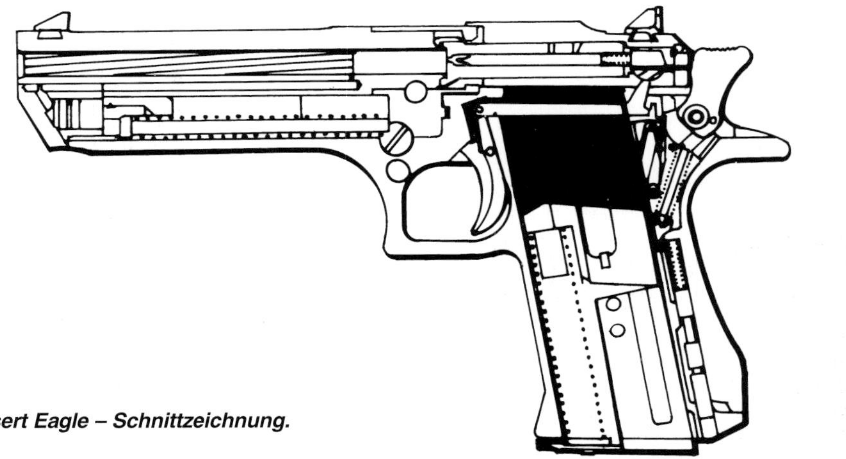

Desert Eagle – Schnittzeichnung.

der Konstrukteure, eine Waffe zum Verschießen einer leistungsstarken Patrone anbieten zu können, die nahezu auf der ganzen Welt ohne weiteres erhältlich ist. Spätere Versionen der Selbstladepistole waren zum Verschießen der Patrone .44 Magnum (10,5 mm X 32) eingerichtet, und 1989 kam die Ausführung im Kaliber .41 AE (Action Express) auf den Markt. Damit nicht genug, seit 1992 wird eine Version im Kaliber .50 AE (Action Express) angeboten, um Freunde allerstärkster Kaliber bedienen zu können.

Desert-Eagle-Selbstladepistole im Kaliber .357 Magnum, daneben ein gefülltes Reservemagazin.

Technische Daten:
Kaliber: .357 Magnum (9 mm X 32)
Funktion: Gasdrucklader mit feststehendem Lauf, Drehkopfverschluß
Gewicht: 1,76 kg
Länge: 60 mm
Lauf: 152 mm, 6 Züge, Rechtsdrall
Magazin: Stangenmagazin für 9 Patronen
Mündungsgeschwindkigkeit: 450 Meter pro Sekunde

Hersteller: Ta'as Israel Industries, Ramat Hasharon

Obwohl sie aus demselben Stall kommt wie die Desert Eagle, handelt es sich bei der Selbstladepistole *Jericho* um eine völlig andersartige Konstruktion, die mehr auf die Erfordernisse des Militärs oder von Sicherheitsorganen abgestimmt ist als auf die Bedürfnisse der Sportschützen. Mehr oder weniger das genaue Abbild der tschechoslowakischen Pistole *M 75*, ist sie wie diese ein herkömmlicher Rückstoßlader mit kurz zurückgleitendem Lauf und Schwenklaufverriegelung. Tatsächlich wurde der bei der italienischen Firma Tanfoglio gefertigte Nachbau der *M 75* leicht überarbeitet, um der *Jericho* das vertraute Aussehen der Desert Eagle zu verleihen, wobei sich die beiden Firmen Ta'as Israel und Tanfoglio die Fertigung der Waffe teilen.

Der Verschluß der Pistole wird in Gleitschienen im Innern des Griffstücks geführt, was die Fertigung etwas aufwendiger und damit teurer macht, die Führung des Verschlusses wird dadurch jedoch erheblich verbessert und die Trefferleistung der Waffe gesteigert. Die im Verschluß angeordnete manuelle Sicherung, die im gesicherten Zustand den Schlagbolzen festlegt, erlaubt ein gefahrloses Entspannen des Schlaghebels bei geladener Waffe. Die zu beiden Seiten des Verschlusses angeordneten Sicherungshebel erlauben eine Bedienung der Waffe durch Rechts- und Linkshänder. Für eine Selbstladepistole moderner Konstruktion ungewöhnlich, verfügt die *Jericho*-Pistole über keine innenliegende automatische Schlagbolzensperre. Die *Jericho* wird als *Modell 941* bezeichnet, da die Waffe ohne Werkzeug mit wenigen Handgriffen vom Kaliber 9 mm X 19 auf das Kaliber .41 AE (Action Express) umgerüstet werden kann. Die Kombination dieser beiden Kaliber bot sich an, da der Außendurchmesser beider Patronen identisch ist. Bei einem Kaliberwechsel müssen lediglich Lauf, Schließfeder und Magazin ausgetauscht werden. Wechsellauf, Schließfeder und Magazin sind im Lieferumfang der Waffe enthalten. Durch einfaches Zerlegen der Waffe in ihre Hauptteile läßt sich der Kaliberwechsel durchführen. Die zusammengehörigen Teile sind mit Farbmarkierungen versehen, um Verwechslungen beim Zusammenbau zu vermeiden.

Die Visiereinrichtung besteht aus einem Balkenkorn und einer Kimme mit rechteckigem Ausschnitt. Um ein Zielen bei ungünstigen Lichtverhältnissen zu ermöglichen, wurde die Visiereinrichtung nicht – wie sonstüblich – mit Punkten in weißer Leuchtfarbe versehen, die nach einiger Zeit ihre Leuchtkraft verlieren oder abgenutzt sind, vielmehr werden Tritium-Leuchtelemente verwendet, die ein Zielen auch noch bei Dunkelheit ermöglichen und ihre Leuchtkraft nicht verlieren. (Wegen ihrer Radioaktivität sind Tritium-Leuchtvisiere aufgrund der geltenden Bestimmungen in Deutschland nicht erhältlich. A.d.Ü.) Sowohl Kimme als auch

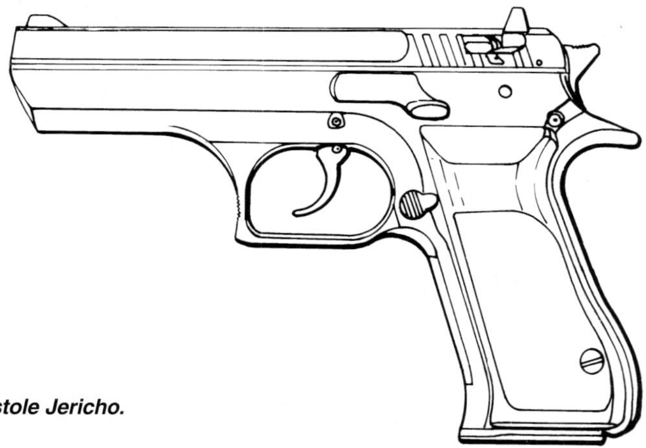

Selbstladepistole Jericho.

Korn sind in schwalbenschwanzförmige Ausfräsungen eingepaßt, die eine Seitenverstellung ermöglichen.

Technische Daten:
Kaliber: 9 mm X 19 oder .41 Action Express
Funktion: Rückstoßlader mit kurz zurückgleitendem Lauf, Schwenklaufverriegelung
Länge: 207 mm
Gewicht, ungeladen: 1,103 kg
Lauf: 112 mm, 6 Züge, Rechtsdrall
Magazin: Stangenmagazin für 16 Patronen (11 Patronen Kaliber .41 AE)
Mündungsgeschwindigkeit: 350 Meter pro Sekunde

Eine in ihre Hauptteile zerlegte Jericho jeweils mit Lauf, Schließfeder und Magazin der beiden Kaliber 9 mm X 19 und .41 AE.

Die Aufnahme läßt die Ähnlichkeit der Jericho-Pistole mit der Desert Eagle erkennen.

UZI SELBSTLADEPISTOLE

Hersteller: Ta'as Israel Industries, Ramat Hasharon

Die anfangs der 50er Jahre entwickelte *Uzi Maschinenpistole* gehört bereits zu den klassischen Waffenkonstruktionen und ist weltweit bekannt. Zu Beginn der 80er Jahre reagierten die Konstrukteure auf die zunehmenden Forderungen nach Kleinst-Maschinenpistolen für Sondereinheiten und entwickelten daraufhin die 1982 vorgestellte *Mini-Uzi* und kurze Zeit später die *Micro-Uzi*, zwei Kompaktversionen der Uzi Maschinenpistole. Da die Bauweise die Abgabe von Feuerstößen im einhändigen Anschlag gestattete, kam man auf die Idee, die Maschinenpistole *Mini-Uzi* in eine Selbstladepistole umzuwandeln.

Bei der Entwicklung mußten die Konstrukteure die vorhandene Maschinenpistolen-Konstruktion baulich so verändern, daß eine mißbräuchliche Rückverwandlung in einen Vollautomaten ausgeschlossen war. Der Mechanismus der *Uzi Selbstladepistole* unterscheidet sich deshalb erheblich von dem der Maschinenpistolen-Modelle. Während die Maschinenpistolen als zuschießende Waffen konzipiert sind, wobei bei Betätigung des Abzugs der Verschluß nach vorne schnellt und eine Patrone zuführt, die vom starren Schlagbolen (im Stoßboden des Verschlusses) gezündet wird, verfügt die *Uzi Selbstladepistole* über ein Schlagbolzenschloß. Dieses wird beim Durchladen der Waffe gespannt und bei Betätigung der mit einem Unterbrecher versehenen Abzugseinrichtung ausgelöst. Wie bei den Maschinenpistolen ist der Verschluß so ausgenommen, daß sein vorderer Teil über den Stoßboden hinausragt und den Lauf teilweise umschließt. Dies erlaubt eine kompakte Bauweise der Waffe aufgrund des kurzen Rücklaufweges. Die zum Verschließen des Laufes gegen den Rückdruck der Pulvergase erforderliche Verschlußmasse bleibt aber dennoch erhalten – bei einem Rückstoßlader mit unverriegeltem Masseverschluß eine systembedingte Notwendigkeit.

Das ansteckbare Magazin wird in den Magazinschacht des Pistolengriffs eingesetzt. Aufgrund der Konstruktion des Verschlusses liegt der Schwerpunkt über dem Griff und bei der Schuß-

Uzi Selbstladepistole mit angestecktem Magazin für 20 Patronen.

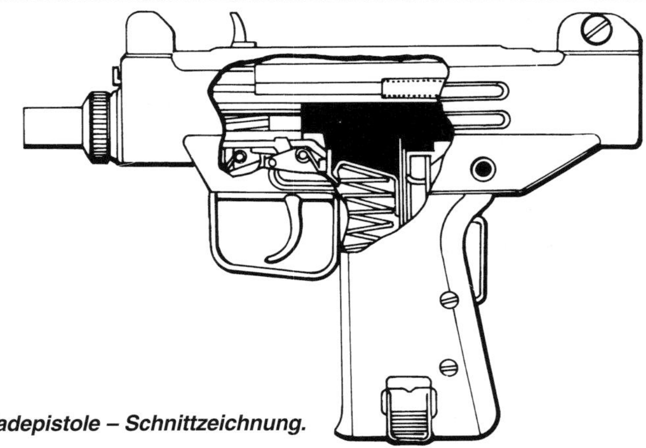

Uzi Selbstladepistole – Schnittzeichnung.

abgabe ist die Verlagerung der Massen nur geringfügig. Dadurch kann mit der *Uzi Selbstladepistole* wie mit jeder herkömmlichen Faustfeuerwaffe im einhändigen Anschlag geschossen werden.
Die Waffe ist serienmäßig mit einem Magazin für 20 Patronen ausgestattet. Die Verwendung der Maschinenpistolen-Magazine mit einem Fassungsvermögen von 25 beziehungsweise 32 Patronen ist ebenfalls möglich.
Die Visiereinrichtung ist nach Höhe und Seite verstellbar; weiße Leuchtpunktmarkierungen ermöglichen ein Zielen unter schlechten Lichtverhältnissen. Man mag es ihr zwar nicht zutrauen, aber die *Uzi Selbstladepistole* ist in der Lage, auf 25 Meter einen Streukreisdurchmesser von 60 mm zu halten. Olympisches Gold läßt sich damit wohl kaum gewinnen, entsprechend ihrem Verwendungszweck bei Militär und Polizei ist die Trefferleistung dieser Waffe jedoch völlig ausreichend. Darüber hinaus ist sie weitaus robuster als viele Selbstladepistolen herkömmlicher Bauart.

Uzi Selbstladepistole im Kaliber .45 ACP, daneben ein Magazin für 10 Patronen.

Technische Daten:
Kaliber: 9 mm X 19 (9 mm Parabellum)
Funktion: Rückstoßlader mit feststehendem Lauf, Masseverschluß
Länge: 242 mm
Gewicht: 1,81 kg
Lauf: 115 mm, 4 Züge, Rechtsdrall
Magazin: Stangenmagazin für 20 Patronen
Mündungsgeschwindigkeit: 335 Meter pro Sekunde

BERETTA MODELL 951

Hersteller: Pietro Beretta S.p.A., Gardone Val Trompia

Die Firma Beretta fertigte seit 1915 Ordonnanzpistolen für die italienischen Streitkräfte. Es handelte sich durchweg um einfache Rückstoßlader mit Masseverschluß in den Kalibern 7,65 mm Browning (7,65 mm X 17) oder 9 mm kurz (9 mm X 17). Nach dem II. Weltkrieg forderten die reorganisierten italienischen Streitkräfte eine leistungsstärkere Seitenwaffe im Kaliber 9 mm Parabellum (9 mm X 19). In der Folge entwickelte Beretta die Selbstladepistole *Modell 951* , welche die Armee 1951 einführte. Die 1950 begonnenen Entwicklungsarbeiten waren dadurch erschwert worden, daß bei der Fertigung des Griffstücks eine Leichtmetall-Legierung zum Einsatz kam, um das Gewicht der Waffe möglichst niedrig zu halten. Die neue Pistolenkonstruktion war zwar funktionstüchtig, der aufgrund des geringen Waffengewichts übermäßige Rückstoß wirkte sich bei der Schußabgabe jedoch unangenehm auf die Hand des Schützen aus. Darüber hinaus führte die starke Belastung durch die Rückdruckkräfte zu Beschädigungen des Leichtmetall-Griffstücks und verkürzte die Lebensdauer der Waffe erheblich. Schließlich wurde 1957 bei den italienischen Streitkräften eine überarbeitete Version mit einem Griffstück aus Stahl eingeführt. Diese robuste Waffe war wesentlich haltbarer und durch das zusätzliche Gewicht wurde der auf die Hand des Schützen wirkende Rückstoß erheblich gemindert. In dieser Ausführung wurde das *Modell 951* auch bei den Streitkräften Israels und Ägyptens eingeführt, wobei in Ägypten während der 60er Jahre eine Lizenzversion dieser Waffe mit der Bezeichnung *Helwan* gefertigt wurde.

Das *Modell 951* ist ein Rückstoßlader mit einem Schwenkriegelverschluß, der dem der Walther P 38 ähnelt. Die für Beretta-Pistolen typische Bauweise des oben freiliegenden Laufes wurde auch für diese Waffe benutzt, wobei das Korn auf einer Brücke nahe der Laufmündung angeordnet ist. Der Schwenkriegel unterhalb des Laufes greift mit zwei Verriegelungsansätzen in entsprechende Ausnehmungen im Verschluß ein.

Bei der Schußabgabe gleiten Verschluß und Lauf

Beretta Modell 951 – Schnittmodell.

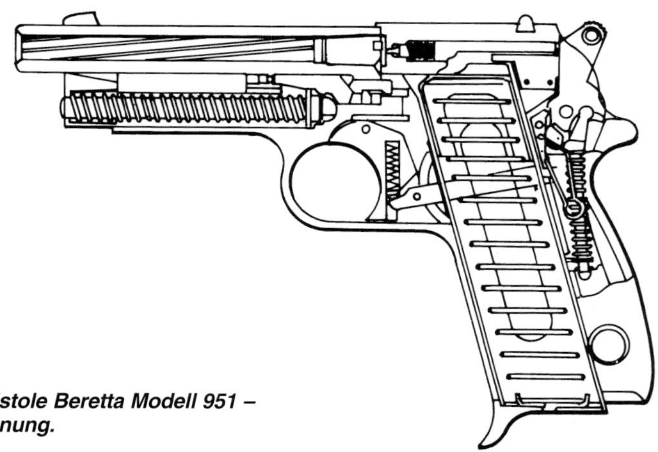

Selbstladepistole Beretta Modell 951 – Schnittzeichnung.

zunächst gemeinsam zurück. Nach kurzem Rücklauf stößt der Schwenkriegel gegen einen Ansatz im Griffstück und wird gegen den Druck der unter dem Lauf liegenden Schließfeder nach unten geschwenkt. Dabei treten die Verriegelungsansätze aus den Ausnehmungen im Verschluß; der Verschluß setzt den Rücklauf alleine fort. Dabei wird die Patronenhülse ausgezogen, ausgeworfen, und der Schlaghebel gespannt. Beim Vorlauf wird eine Patrone aus dem Magazin ausgestoßen und zugeführt. Der Verschluß drückt den Lauf in seine Ausgangsstellung, wobei der Riegel nach oben geschwenkt und die Verriegelung zwischen Lauf und Verschluß hergestellt wird.
Die Selbstladepistole Beretta *Modell 951* ist mit einem Hahnspanner-Abzugssystem *(Single Action)* ausgestattet. Vor Abgabe des ersten Schusses muß daher der außenliegende Schlaghebel gespannt werden.

Linke Seitenansicht der Beretta Modell 951.

Technische Daten:
Kaliber: 9 mm X 19 (9 mm Parabellum)
Funktion: Rückstoßlader mit kurz zurückgleitendem Lauf, Sperrklinkenverschluß
Länge: 203 mm
Gewicht, ungeladen: 890 g
Lauf: 114 mm, 6 Züge, Rechtsdrall
Magazin: Stangenmagazin für 8 Patronen
Mündungsgeschwindigkeit: 350 Meter pro Sekunde

Hersteller: Pietro Beretta S.p.A.,
Gardone Val Trompia
(Modell-Varianten: 92 F; 92 F Compact; 92 S; 92 SB; 92 SB-C; 92 SB-C Typ M; 98; 99)

Die Selbstladepistole *Modell 92,* die ab 1976 in Serie ging, kann als das auf den neuesten Stand der Technik gebrachte Beretta *Modell 951* angesehen werden. Sie erhielt ein Magazin mit größerem Fassungsvermögen und ein Abzugssystem mit Spannabzug; die äußere Form, das Funktionsprinzip und die Verriegelungsmethode der Beretta *Modell 951* wurden jedoch beibehalten.
Das *Modell 92* diente einer ganzen Reihe von Modell-Varianten als Grundmuster. Mit zu den ersten der nach und nach entwickelten Versionen gehört das *Modell 92 S,* bei dem die manuelle Sicherung aus dem Griffstück in den Verschluß verlegt wurde und als Entspannhebel für den Schlaghebel dient. Beim Entspannen des Schlaghebels wird die Waffe gesichert und der Schlagbolzen abgeschwenkt, bevor der Schlaghebel ausgelöst wird. Sowohl das *Modell 92* als auch das *Modell 92 S* wurden bei den Streitkräften und der Polizei Italiens eingeführt und in eine Reihe von Staaten exportiert, bevor 1986 die Produktion eingestellt wurde.
Als 1980 die USA als Ersatz für die Colt Pistole M 1911 A1 eine neue Ordonnanz-Seitenwaffe für ihre Streitkräfte suchten, reichte die Firma Beretta ihr *Modell 92 SB* zu den Erprobungen ein. Bei dieser Waffe handelte es sich um ein Modell 92 mit beidseitig angeordnetem Magazinhalteknopf, der vom Daumen der Schießhand sowohl eines Links- als auch eines Rechtshänders erreicht werden konnte. Die Waffe erhielt eine innenliegende automatische Schlagbolzensperre, der Schlaghebel wurde mit einer Sicherheitsrast versehen und der Griffrücken geriffelt, um eine bessere Handlage zu erreichen. Gleichzeitig war das baugleiche, jedoch verkleinerte und kompaktere *Modell 92 SB-C* entwickelt worden. Das *Modell 92 SB* schnitt bei den Erprobungen erfolgreich ab, jedoch wurden noch einige geringfügige Modifikationen gefordert, bevor es die US-Streitkräfte unter der Bezeichnung M 9 einführten.

Selbstladepistole Beretta Modell 92 F.

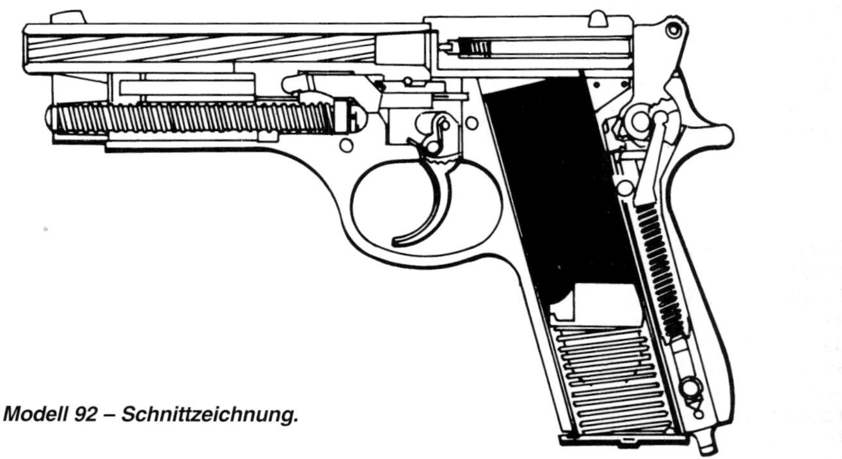

Beretta Modell 92 – Schnittzeichnung.

Bei eben dieser Version mit der Firmenbezeichnung *Modell 92 F* ist der Abzugsbügel so ausgeformt, daß ein beidhändiger Anschlag erleichtert wird. Das Magazin wurde mit einem Magazinboden verlängert, die Vorderseite des Griffstücks griffgünstiger ausgeformt und die Waffe mit anderen Griffschalen sowie einer Fangriemenöse ausgestattet. Die Laufseele ist verchromt und die Metalloberflächen der Waffe sind mit *Bruniton* beschichtet, einem Teflon-ähnlichen Material. Das *Modell 92 F* wurde außer bei den Streitkräften und der Küstenwache der USA auch bei der französischen Gendarmerie Nationale und den italienischen Streitkräften eingeführt und wird derzeit in Serie gefertigt.

Beretta bietet weitere Serien-Varianten an. Beim *Modell 92 SB-C Typ M* handelt es sich um eine Version des *Modells 92 SB-C* mit einem 8-Schuß-Magazin. Das *Modell 92 F Compact* entspricht dem *Modell 92 SB-C* mit den Modifikationen des *Modells 92 F.* Das Modell *92 SB-C,* eingerichtet für die Patrone 7,65 mm Parabellum (7,65 mm X 22), wird als *Modell 98,* das *Modell 92 SB-C Typ M,* eingerichtet für die Patrone 9 mm X 21 JMI, als *Modell 99* bezeichnet.

Das Modell 92 F führten neben den US-Streitkräften und der US-Küstenwache auch die französische Gendarmerie sowie die italienische Armee ein.

Technische Daten:
Kaliber: 9 mm X 19 (9 mm Parabellum)
Funktion: Rückstoßlader mit kurz zurückgleitendem Lauf, Sperrklinkenverschluß
Länge: 217 mm
Gewicht, ungeladen: 950 g
Lauf: 125 mm, 6 Züge, Rechtsdrall
Magazin: Stangenmagazin für 15 Patronen
Mündungsgeschwindigkeit: 390 Meter pro Sekunde

BERETTA MODELL 93 R

Hersteller: Pietro Beretta S.p.A., Gardone Val Trompia

Obwohl die Abnehmer nach wie vor das während der 60er Jahre entwickelte *Modell 951 R* verlangten, war man im Hause Beretta mit dieser Konstruktion nicht sonderlich zufrieden und hatte seine eigenen Vorstellungen von einer Reihenfeuerpistole. Der stichhaltigste Grund, der gegen die Einrichtung einer Pistole zur Abgabe von Dauerfeuer spricht, ist der, daß die Waffe im Feuerstoß derart nach oben `klettert', daß nur die ersten zwei bis drei Schüsse im Ziel plaziert werden können. Anstelle einer Dauerfeuereinrichtung brachten die Konstrukteure deshalb einen impulsgesteuerten Schußzahlbegrenzer in der Abzugseinrichtung unter, wobei der im Griffstück angeordnete Feuerwahlhebel auch die Abgabe von Einzelschüssen gestattet. Ansonsten entspricht die Reihenfeuerpistole *Modell 93 R* der Selbstladepistole *Modell 92.*

Ist der Feuerwahlhebel nach unten in die durch drei weiße Punkte gekennzeichnete Stellung `Feuerstoß' geschwenkt, wird bei jeweils einmaligem Betätigen des Abzugs ein Feuerstoß von drei Schuß ausgelöst – bei einer theoretischen Feuergeschwindigkeit von etwa 1 100 Schuß pro Minute. Da eine Waffe mit einer derart hohen Schußfolge im einhändigen Anschlag nur mit Mühe zu beherrschen ist, wurde am Abzugsbügel ein klappbarer Haltegriff angebracht. Der Abzugsbügel ist so geformt, daß der Daumen der den Haltegriff umfassenden Hand in den Abzugsbügel eingehakt werden kann.

Das Griffstück der Reihenfeuerpistole ist zur Aufnahme einer ansteckbaren Schulterstütze eingerichtet, die einen Schulteranschlag und damit die Abgabe genauer gezielter Feuerstöße ermöglicht.

Um dem Hochklettern der Mündung entgegenzuwirken, wurde der Lauf verlängert und nahe der Mündung mit einer Mündungsbremse (Kompensator) versehen, die gleichzeitig als Mündungsfeuerdämpfer wirkt. Um der Waffe die nötige Feuerkraft zu verleihen, werden vom Hersteller

Abgabe eines Feuerstoßes aus der Reihenfeuerpistole Modell 93 R im einhändigen Anschlag.

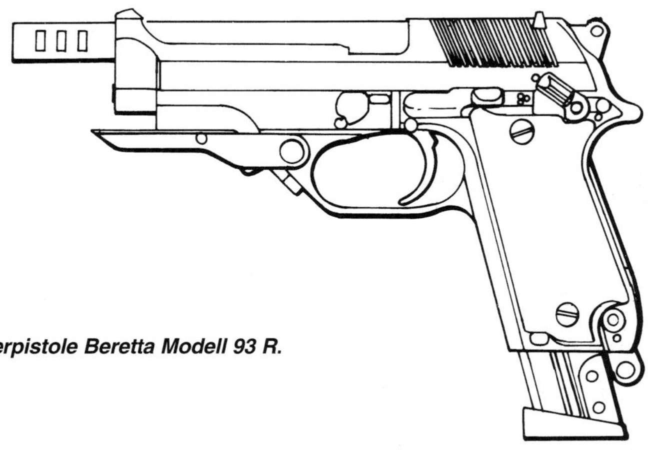

Reihenfeuerpistole Beretta Modell 93 R.

neben den 15-Schuß-Standardmagazinen auch Magazine für 20 Patronen angeboten, die unten aus dem Magazinschacht herausragen.
Die Reihenfeuerpistole *Modell 93 R* ist seit 1979 bei den Sondereinheiten der italienischen Streitkräfte eingeführt und hat dort das bisher verwendete *Modell 951 R* abgelöst. Sondereinheiten anderer Staaten haben das *Modell 93 R* zwischenzeitlich ebenfalls beschafft.

Reihenfeuerpistole Beretta Modell 93 R mit eingesetztem Magazin für 20 Patronen, Haltegriff angeklappt; darunter die ansteckbare Schulterstütze.

Technische Daten:
Kaliber: 9 mm X 19 (9 mm Parabellum)
Funktion: Rückstoßlader mit kurz zurückgleitendem Lauf, Sperrklinkenverschluß, wahlweise Einzel- oder Stoßfeuer
Länge: 240 mm
Gewicht, ungeladen: 1120 g
Lauf: 156 mm, 6 Züge, Rechtsdrall
Magazin: Stangenmagazine für 15 oder für 20 Patronen
Feuergeschwindigkeit (theoretisch): 1 100 Schuß pro Minute
Mündungsgeschwindigkeit: 375 Meter pro Sekunde

GLOCK MODELL 17

Hersteller: Glock GmbH, Deutsch Wagram (Modell-Varianten: 17 L, 18, 19, 20, 21, 22 und 23)

Zu Beginn der 80er Jahre führte das österreichische Bundesheer die Selbstladepistole *Glock 17* als Ordonnanzwaffe ein. Die Firma Glock hatte sich einen Namen auf dem Gebiet der Herstellung von Bajonetten, Messern, Feldspaten und ähnlichen Gerätschaften gemacht, sich aber niemals mit der Entwicklung und Fertigung von Schußwaffen befaßt. Als sie diese neuartige und durchdachte Pistolenkonstruktion auf den Markt brachte, löste dies bei der Konkurrenz fast einen Schock aus. Nach dem österreichischen Bundesheer führten die Streitkräfte und Polizeien Indiens, Jordaniens, Norwegens, der Philippinen, Thailands und mehrerer anderer Staaten die Pistole ein.

Die Konstruktion der *Glock 17* beruht auf dem bekannten und bewährten Browning-System mit Schwenklauf. Die starre Verriegelung zwischen Lauf und Verschluß wird durch eine Schwenkbewegung des Laufes nach unten aufgehoben, wobei der Verriegelungsansatz am Lauf aus dem Auswurffenster mit einer entsprechenden Verriegelungsfläche ausgeklinkt wird. Hierzu dient eine Steuerkurve am Lauf, die von einem quer im Griffstück angeordneten Steuernocken geführt wird. Zur Schußabgabe muß lediglich der Abzug durchgekrümmt werden, um den Schlagbolzen zu spannen. Während der ersten 5 mm wird der Schlagbolzen gespannt und die Schlagbolzensperre aufgehoben. Beim weiteren Durchkrümmen wird der Schlagbolzen freigegeben und zündet die Patrone. Bei diesem System konnte auf ein Schlagstück ebenso verzichtet werden wie auf eine manuelle Sicherung. Am Abzug ist lediglich ein Züngel angelenkt, das den Abzug sperrt und diesen erst bei gewollter Betätigung freigibt.

Bei der Fertigung wurden hauptsächlich Kunststoffteile verwendet, die durch eingegossene Metalleinlagen verstärkt sind. Dies führte zu Berichten der Regenbogenpresse, in denen die Waffe als Geschenk an Terroristen bezeichnet

Glock 17, linke Seitenansicht.

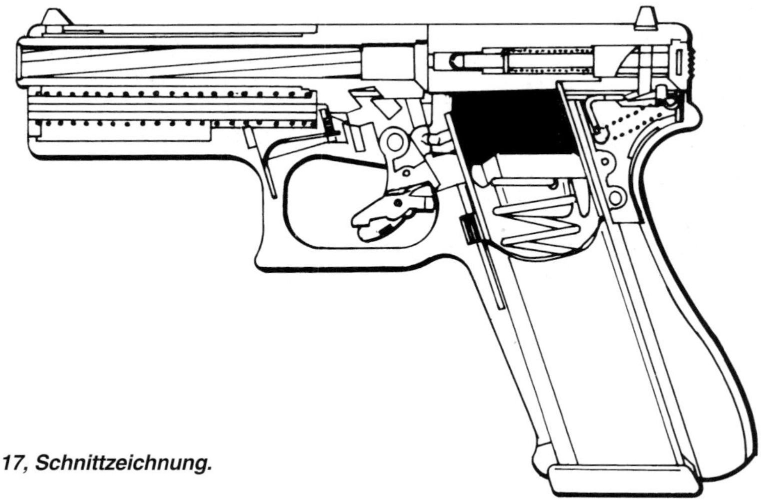

Glock 17, Schnittzeichnung.

wurde, weil sie bei Gepäckkontrollen mittels Röntgendurchleuchtung nicht mehr zu entdecken sei. In Wirklichkeit besteht die Waffe zu 60 Prozent aus Metall und ist auf einem Röntgenschirm mühelos zu erkennen.
Für Sportschützen wird eine langläufige Version mit der Bezeichnung *Glock 17* L angeboten. Die *Glock 19* ist mit einer Gesamtlänge von 177 mm etwas kompakter als die *Glock 17* mit einer Gesamtlänge von 188 mm.
Bei der *Glock 18* handelt es sich um eine zur Abgabe von Dauerfeuer eingerichteten Version der *Glock 17.* Um einen unerlaubten Umbau unmöglich zu machen, sind die wesentlichen Teile der Glock 18 etwas größer dimensioniert, so daß ein Austausch von Teilen beider Waffen nicht möglich ist.
Damit die Freunde stärkerer Kaliber auf ihre Kosten kommen, wurden 1991 die Modelle *Glock 20* und *Glock 21* auf den Markt gebracht. Sie entsprechen im wesentlichen der *Glock 17,* jedoch ist die *Glock 20* zum Verschießen der Patrone Kaliber 10 mm Auto und die *Glock 21* für die Patrone Kaliber .45 ACP (11,4 mm X 23) eingerichtet; naturgemäß fallen beide Modelle etwas größer und schwerer als die *Glock 17* aus.
Kurze Zeit später wurden die Modelle *Glock 22* und *Glock 23* angeboten. Die *Glock 22* ist zum Verschießen der Patrone .40 Smith & Wesson eingerichtet. Die *Glock 23,* ebenfalls im Kaliber .40 S & W, ist die Kompaktversion der *Glock 22.*

Technische Daten (Glock 17):
Kaliber: 9 mm X 19 (9 mm Parabellum)
Funktion: Rückstoßlader mit kurz zurückgleitendem Lauf, Schwenklaufverriegelung
Länge: 188 mm
Gewicht, ungeladen: 650 g
Lauf: 114 mm, 6 Züge, Rechtsdrall
Magazin: Stangenmagazin für 17 Patronen
Mündungsgeschwindigkeit: 350 Meter pro Sekunde

Glock 17 L, Lauflänge 153 mm.

Glock 20

Glock 18 mit Feuerwahlhebel zur Abgabe von Dauerfeuer, mit angestecktem Magazin für 33 Patronen.

Hersteller: Schweizerische Industrie-Gesellschaft (SIG), Neuhausen am Rheinfall, J. P. Sauer & Sohn, Eckernförde, Deutschland

Zu Beginn der 70er Jahre begann man im Hause SIG mit der Entwicklung einer Pistole, die aufgrund der Forderungen europäischer Polizeiorganisationen – zweifellos ausgelöst durch den zunehmenden Terrorismus – ältere Pistolenkonstruktionen ablösen sollte. Die neue Waffe sollte einfacher und damit billiger zu fertigen sein, als die Selbstladepistole *SIG P 210* und darüber hinaus mit einigen Neuerungen nach dem aktuellen Stand der Erkenntnisse aufwarten können.
1972 erließ die Schweizer Regierung jedoch Gesetzte, die den Waffenexport erheblich eingrenzten, weshalb man im Hause SIG befürchten mußte, die neue Selbstladepistole, gleichgültig wie gut sie auch sein mochte, nur im eigenen Land absetzen zu können. Mit diesen Aussichten lohnte sich die mühevolle Entwicklungsarbeit kaum. Deshalb traf man mit der deutschen Firma J. P. Sauer & Sohn, einem alteingesessenen Unternehmen, das für die Herstellung hochwertiger Waffen bekannt war, ein Übereinkommen. SIG sollte die Entwicklungsarbeiten übernehmen und Sauer die Pistole in Lizenz fertigen, da die in Deutschland geltenden Bestimmungen den Export erleichterten. Die in der Folge entwickelte und seit Mitte der 70er Jahre in Serie gefertigte neue Pistole erhielt die Bezeichnung *SIG-Sauer P 220*.
Das Prinzip der Schwenklaufverriegelung wurde beibehalten, die Art der Verriegelung jedoch erheblich vereinfacht. Ein in Höhe des Patronenlagers angearbeiteter Verriegelungsansatz greift in das entsprechend geformte Auswurffenster im Verschluß ein und stellt die starre Verriegelung zwischen Lauf und Verschluß her. Der Verschluß wird nicht mehr aus einem massiven Rohling, sondern unter Einsatz computergesteuerter Werkzeugmaschinen aus einem Feingußteil gefräst.
Auf eine manuelle Sicherung wurde verzichtet, stattdessen ist die Waffe mit einem Entspannhebel ausgestattet, der das gefahrlose Entspannen des Schlaghebels bei fertiggeladener Waffe ermöglicht. Eine innenliegende automatische Schlagbolzensicherung legt den Schlagbolzen fest und gibt ihn erst bei gewollter Betätigung des Abzugs frei. Die Waffe kann bei entspanntem Schlaghebel gefahrlos geführt werden, wobei der Spannabzug eine schnelle Feuerbereitschaft ermöglicht.
Die *P 220* wurde 1976 bei den schweizerischen Streitkräften mit der Bezeichnung Selbstladepistole *Modell 75* eingeführt. Seit 1981 ist sie bei den Streitkräften und der Polizei Japans offizielle Dienstwaffe und gehört zwischenzeitlich auch zur Bewaffnung der dänischen Armee.

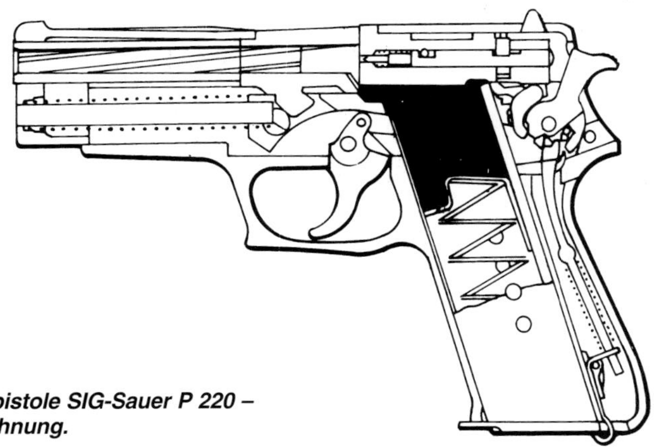

Selbstladepistole SIG-Sauer P 220 – Schnittzeichnung.

Technische Daten:
Kaliber: 9 mm X 19 (9 mm Parabellum)
Funktion: Rückstoßlader mit kurz zurückgleitendem Lauf, Schwenklaufverriegelung
Länge: 198 mm
Gewicht, ungeladen: 830 g
Lauf: 112 mm, 6 Züge, Rechtsdrall
Magazin: Stangenmagazin für 9 Patronen
Mündungsgeschwindigkeit: 345 Meter pro Sekunde

Selbstladepistole SIG-Sauer P 220 .

Die Hauptteile der SIG-Sauer P 220. Gut zu erkennen ist der Laufansatz, der in das Auswurffenster eingreift.

Hersteller: Schweizerische Industrie-Gesellschaft (SIG), Neuhausen am Rheinfall, J. P. Sauer & Sohn, Eckernförde, Deutschland

Die *P 220* hatte zwar großen Beifall gefunden, jedoch wurden Forderungen nach einer kompakteren Pistole laut, die auch verdeckt geführt werden konnte. Deshalb entwickelte SIG aus der *P 220* die Selbstladepistole *SIG-Sauer P 225* , indem Abmessungen und Gewicht reduziert wurden. Die automatische innenliegende Schlagbolzensicherung wurde weiter verbessert, so daß die Waffe auch bei gespanntem Schlaghebel fallsicher ist.

Die *P 225* wurde vorgestellt, kurz nachdem deutsche Behörden ein Polizeipistolen-Konzept erarbeitet hatten. Da sie die meisten Anforderungen dieses Pflichtenhefts erfüllte, wurde sie ab 1979 mit der Bezeichnung *P 6* beim Bundesgrenzschutz, beim Bundeskriminalamt, der Bereitschaftspolizei einiger Bundesländer sowie den Polizeien der Länder Schleswig-Holstein, Bremen, Hessen, Nordrhein-Westfalen und des Saarlandes eingeführt. Außerdem gehört sie zur Ausrüstung des amerikanischen *Secret Service* und einiger Sondereinheiten.

Zu Beginn der 80er Jahre beteiligte sich SIG wie zahlreiche andere Unternehmen an der Ausschreibung der amerikanischen Streitkräfte für eine neue Ordonnanz-Seitenwaffe, die die Selbstladepistole Colt *Modell 1911 A1* ablösen sollte. Hierzu entwickelte man auf der Grundlage der P 220 und der *P 225* eine neue Pistole mit der Bezeichnung *P 226,* die 1981 zur Erprobung eingereicht wurde. Diese Waffe entsprach in ihren Abmessungen in etwa der P 220, die Magazinkapazität war jedoch auf 15 Patronen erhöht worden. Darüber hinaus wurde sie den amerikanischen Forderungen entsprechend mit einem beidseitig bedienbaren Magazinhalter ausgestattet.

Im Verlauf der Erprobungen in den USA schnitt die *P 226* hervorragend ab und wurde in die engere Wahl einbezogen. Ihre Einführung bei den US-Streitkräften galt als so sicher, daß sogar bereits die Fertigung bei der Maremont Corporation vorbereitet wurde. Im letzten Moment erhielt jedoch die Beretta *Modell 92 F* wegen des niedrigeren Stückpreises den Zuschlag. Trotz dieses Rückschlags entschloß man sich im Hause SIG, die *P 226* in Serie zu fertigen, und zwischenzeitlich ist sie bei den Streitkräften und den Polizeien vieler Staaten als Dienstwaffe eingeführt.

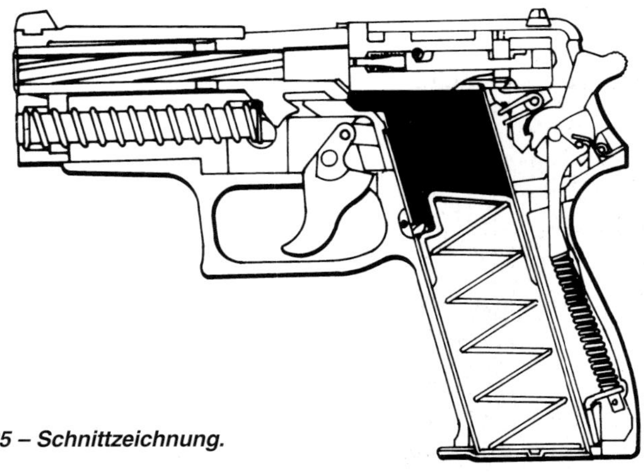

SIG-Sauer P 225 – Schnittzeichnung.

Technische Daten (P 225):
Kaliber: 9 mm X 19 (9 mm Parabellum)
Funktion: Rückstoßlader mit kurz zurückgleitendem Lauf, Schwenklaufverriegelung
Länge: 180 mm
Gewicht, ungeladen: 740 g
Lauf: 98 mm, 6 Züge, Rechtsdrall
Magazin: Stangenmagazin für 8 Patronen
Mündungsgeschwindigkeit: 340 Meter pro Sekunde
Technische Daten (P 226):
Länge: 196 mm
Gewicht, ungeladen: 750 g
Lauf: 112 mm, 6 Züge, Rechtsdrall
Magazin: Stangenmagazin für 15 Patronen
Mündungsgeschwindigkeit: 350 Meter pro Sekunde

Selbstladepistole SIG-Sauer P 225, in Deutschland als Polizeipistole P 6 eingeführt.

SIG-Sauer P 226.

Hersteller: Schweizerische Industrie-Gesellschaft (SIG), Neuhausen am Rheinfall, J. P. Sauer & Sohn, Eckernförde, Deutschland

Mit der Entwicklung der Selbstladepistole *P 228* folgte man im Hause SIG dem Wunsch nach einer kompakten Pistole mit großer Magazinkapazität. Die Waffe schloß eine Lücke in der Modellreihe der SIG-Sauer Pistolen. Das Magazin der mit einem Spannabzug ausgestatteten *P 228* hat ein Fassungsvermögen von 13 Patronen. Aufgrund ihrer geschlossenen Bauweise ist sie unempfindlich gegen Staub und Schmutz. Sie verfügt über die übliche, innenliegende automatische Schlagbolzensperre und einen Entspannhebel. Der Knopf zur Betätigung des Magazinhalters (links am Griffstück in Höhe des Abzugsbügels) läßt sich für Linkshänder mit einfachen Mitteln auf die gegenüberliegende Seite verlegen. Die Waffe ist zu einem Großteil aus Bauteilen der *P 225* und der *P 226* zusammengesetzt, und ein Teil des Zubehörs dieser beiden Waffen steht auch für die *P 228* zur Verfügung.
Baugleich mit der *P 228* ist die *P 229,* die für die Pistolenpatrone .40 Smith & Wesson eingerichtet ist. Sie wurde speziell für Polizei und Sicherheitskräfte entwickelt, insbesondere in den USA, wo die Patrone .40 S & W eine breitere Anhängerschaft gefunden hat.

Eine Variante der *P 229* mit der Bezeichnung *P 229 SL* verfügt über einen Verschluß aus rostfreiem Stahl; dieses Modell ist auch im Kaliber 9 mm Parabellum lieferbar.

SIG-Sauer P 228, linke Seitenansicht.

Technische Daten (P 228):
Kaliber: 9 mm X 19 (9 mm Parabellum)
Funktion: Rückstoßlader mit kurz zurückgleitendem Lauf, Schwenklaufverriegelung
Länge: 180 mm
Gewicht, ungeladen: 830 g
Lauf: 98 mm, 6 Züge, Rechtsdrall
Magazin: Stangenmagazin für 13 Patronen
Mündungsgeschwindigkeit: 340 Meter pro Sekunde

Technische Daten (P 229):
Kaliber: .40 Smith & Wesson
Funktion: Rückstoßlader mit kurz zurückgleitendem Lauf, Schwenklaufverriegelung
Länge: 180 mm
Gewicht, ungeladen: 865 g
Lauf: 98 mm, 6 Züge, Rechtsdrall
Magazin: Stangenmagazin für 12 Patronen
Mündungsgeschwindigkeit: 290 Meter pro Sekunde

Selbstladepistole SIG-Sauer P 228.

**Hersteller: Sphinx Engineering SA, Porrentruy
(Modell-Varianten: AT 2000 P; AT 2000 H)**

Bei dieser 1984 unter der Bezeichnung *ITM AT 84* erstmals vorgestellten Waffe handelt es sich um eine in der Schweiz in Lizenz gefertigte Version der tschechoslowakischen Pistole CZ 75. In der Folge nahmen die schweizerischen Lizenznehmer einige geringfügige Änderungen und Verbesserungen an der Konstruktion vor, so daß das derzeit vorliegende Modell *AT 2000* als eigenständige Entwicklung angesehen werden kann.
Bei den Pistolenläufen der Modellreihe *AT 2000* handelt es sich um Sonderanfertigungen eines in der Bundesrepublik ansässigen Unternehmens, das sich auf die Fertigung von Läufen spezialisiert hat. Einige Baugruppen wurden so abgeändert, daß Originalteile der CZ 75 nicht mehr zu verwenden sind. Die Waffe wurde mit einer in der Schweiz entwickelten, innenliegenden automatischen Schlagbolzensperre ausgestattet. Sie legt den Schlagbolzen fest und läßt sich nur bei Betätigung des Abzugs, unmittelbar vor dem Auslösen des Schlaghebels, aufheben. Beim Loslassen des Abzugs tritt die Schlagbolzensperre automatisch wieder in Funktion. Die manuelle Sicherungseinrichtung wurde dahingehend abgeändert, daß die Waffe auch bei entspanntem Schlaghebel gesichert werden kann. Neuere Versionen sind mit beidseitig angeordneten Bedienelementen ausgestattet.
Serienmäßig sind die Waffen der Baureihe *AT 2000* für die Patrone 9 mm Parabellum eingerichtet, sie sind aber auch im Kaliber .40 Smith & Wesson und im Kaliber 9 mm X 21 lieferbar (für den Export in Staaten, in denen die Patrone 9 mm Parabellum an Zivilpersonen nicht abgegeben werden darf).
Das Standard-Modell mit der Bezeichnung *AT 2000 S* wurde bei den Streitkräften und den Polizeiorganisationen einiger Staaten eingeführt.
Eine kompaktere Version der *AT 2000 S,* mit einer Länge von 184 mm und einem Gewicht von 940 Gramm, wird unter der Bezeichnung *AT 2000 P* angeboten.
Eine weitere Variante mit der Bezeichnung

Selbstladepistole Sphinx AT 2000 S.

AT 2000 H, die noch kompakter ist und speziell für das verdeckte Führen konzipiert wurde, ist mit einem neu entwickelten Lauf und einem entsprechenden Verschluß ausgestattet, entspricht aber ansonsten dem Grundmodell. Eine weitere Version mit der Bezeichnung *AT 2000 PR* ist in sämtlichen Kalibern der übrigen Modelle lieferbar, darüber hinaus aber auch noch im Kaliber 9 mm Action Express – einer Patrone, bei der die Hülse der Patrone .41 Action Express durch Einschnüren des Hülsenmundes zur Aufnahme des 9 mm Geschosses abgeändert ist.

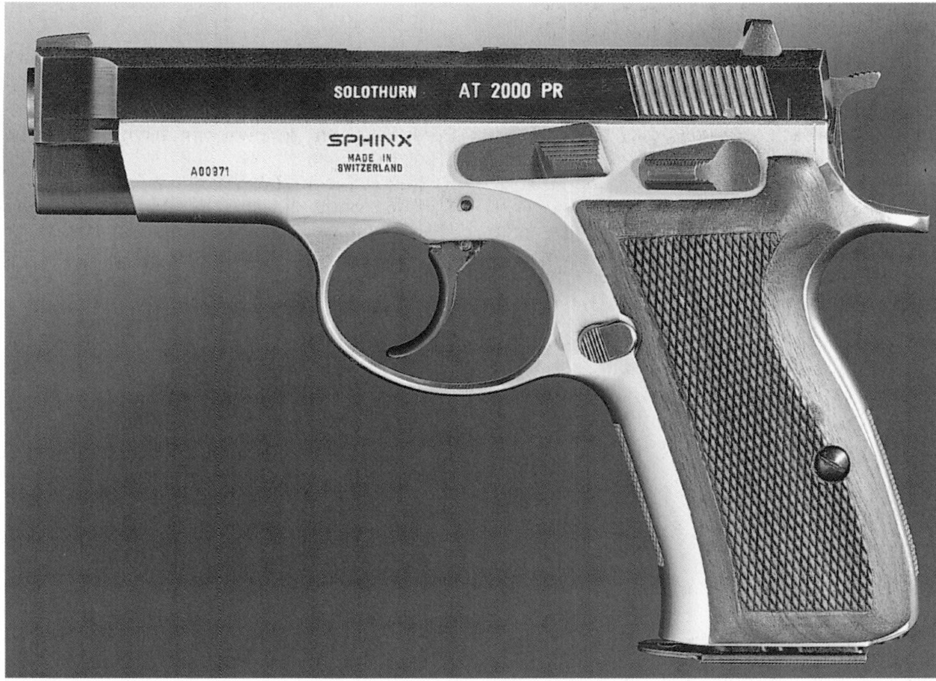

Die neueste Version der Sphinx AT 2000 mit der Bezeichnung AT 2000 PR.

Technische Daten (AT 2000 S):
Kaliber: 9 mm X 19 (9 mm Parabellum); 9 mm X 21; .40 S & W
Funktion: Rückstoßlader mit kurz zurückgleitendem Lauf, Schwenklaufverriegelung
Länge: 204 mm
Gewicht, ungeladen: 1030 g
Lauf: 115 mm, 6 Züge, Rechtsdrall
Magazin: Stangenmagazin für 15 Patronen (Kaliber .40 S & W: 11 Patronen)
Mündungsgeschwindigkeit: 352 Meter pro Sekunde

Hersteller: staatliche Waffenfabriken

Die nach 1945 entwickelte Selbstladepistole *Makarow (PM – Pistolet Makarowa)* wurde 1951 bei den sowjetischen Streitkräften als Ordonnanz-Seitenwaffe eingeführt und löste die Pistole *Tokarew TT 33* ab, die als zu unhandlich und zu schwer erachtet worden war. Die *Makarow* wird noch immer gefertigt und ist in zahlreichen Ländern, die mit sowjetischen Waffen ausgerüstet sind, als Ordonnanzpistole eingeführt, während die zur gleichen Zeit eingeführte Reihenfeuerpistole *Stetschkin APS (Awtomatischeskij Pistolet Stetschkina)* zwischenzeitlich wieder ausgesondert wurde.

Die an die Konstruktion der Walther PP angelehnte *Makarow* ist wie diese ein Rückstoßlader mit feststehendem Lauf und Masseverschluß. Die Waffe verfügt über einen Spannabzug. Die im Verschluß angeordnete manuelle Sicherung sperrt den Schlagbolzen und erlaubt ein gefahrloses Entspannen des außenliegenden Schlaghebels bei fertiggeladener Waffe. Zur raschen Schußabgabe muß die Waffe lediglich entsichert und der Abzug betätigt werden. Dabei wird der Schlaghebel gespannt und selbsttätig ausgelöst.

Die Abbildungen lassen erkennen, daß sich das Griffstück der *Makarow*-Pistole in seiner Form deutlich von der Walther PP unterscheidet, das Zerlegen der Waffe erfolgt aber in ähnlicher Weise. Nach Entfernen des Magazins wird der Abzugsbügel nach unten gezogen und in einer seitlichen Arretierung festgelegt. Danach kann der Verschluß vom Griffstück abgenommen werden, indem er zunächst ein kurzes Stück nach hinten gezogen, angehoben, und dann nach vorne über den Lauf geführt wird. Die Schließfeder kann daraufhin vom Lauf abgezogen werden. Wird der Sicherungshebel nach oben geschwenkt, kann der Schlagbolzen aus dem Verschluß entnommen werden.

Nikolai Fjedorowitsch Makarow entwickelte nicht nur eine neue Pistole, sondern auch die zugehörige Pistolenpatrone – die später nach ihm benannte Patrone 9 mm Makarow wurde als Standardmunition in allen Staaten des Warschauer Paktes eingeführt. Sie ist in ihrer Leistung etwas schwächer als die Patrone 9 mm Parabellum, jedoch stärker als die Patrone 9 mm kurz, und ihre Werte liegen an der Obergrenze dessen, was ein einfacher Masseverschluß verkraften kann. Die unter eben diesen Gesichtspunkten im Westen entwickelte Patrone 9 mm Police (9 mm X 18) weicht in ihren Abmessungen geringfügig von der Patrone 9 mm Makarow ab, so daß ein Verschießen der Patrone 9 mm Police aus Waffen des ehemaligen Ostblocks, und ein Verschießen der Patrone 9 mm Makarow aus Waffen der westlichen Welt nicht möglich ist.

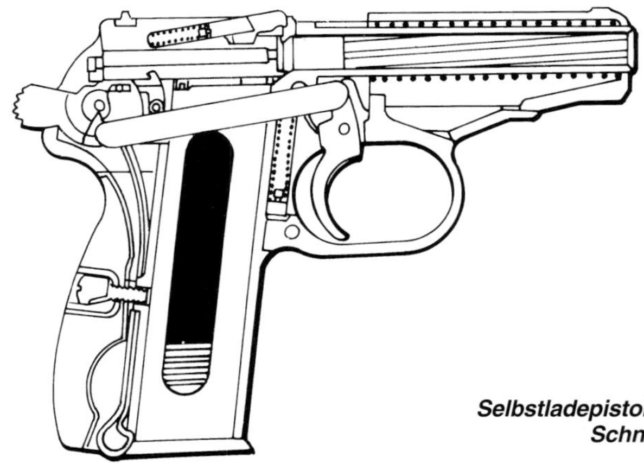

Selbstladepistole Makarow – Schnittzeichnung.

Technische Daten:
Kaliber: 9 mm Makarow (9,2 mm X 18)
Funktion: Rückstoßlader mit feststehendem Lauf, Masseverschluß
Länge: 160 mm
Gewicht, ungeladen: 730 g
Lauf: 91 mm, 4 Züge, Rechtsdrall
Magazin: Stangenmagazin für 8 Patronen
Mündungsgeschwindigkeit: 315 Meter pro Sekunde

Selbstladepistole Makarow, linke Seitenansicht.

Hersteller: Unceta y Cia.,
Guernica (jetzt Astra-Unceta y Cia.)
(Modell-Variante: Astra 600)

Die Selbstladepistole *Astra 400* ist schon rein äußerlich eine seltsam anmutende Konstruktion und eine Besonderheit insofern, daß es sich um einen Rückstoßlader mit Masseverschluß handelt, der zum Verschießen einer starken Ordonnanzpatrone eingerichtet ist. Die Patrone 9 mm Largo (9 mm Bergmann Bayard – 9 mm X 23) ist länger als die Patrone 9 mm Parabellum und mit einem schwereren Geschoß geladen, sie erbringt jedoch eine geringere Mündungsgeschwindigkeit und eine geringere Mündungsenergie. Dennoch entwickelt sie einen nicht unerheblichen Rückstoß, der in einer Waffe mit Masseverschluß eine entsprechend starke Schließfeder erforderlich macht, die einen Teil der auf den Verschluß wirkenden Rückstoßenergie auffängt. Das Durchladen der Waffe und das gleichzeitige Spannen des innenliegenden Schlagstücks erfordert deshalb kräftige Hände, die in der Lage sind, die Kraft dieser starken Feder zu überwinden.

Eine weitere bemerkenswerte Eigenart der *Astra 400* besteht darin, daß aus einer neuen Waffe eine Reihe unterschiedlicher Patronen verschossen werden können. Aus einer Waffe in ungebrauchtem oder neuwertigem Zustand lassen sich ohne Funktionsstörungen außer der Patrone 9 mm Largo die Patronen 9 mm Browning long (9 mm X 20), 9 mm Steyr (9 mm X 23) und 9 mm Browning (9 mm X 17) verschießen. Dies wird ermöglicht durch das innerhalb engster Toleranzgrenzen gefertigte Patronenlager und den fliegenden Schlagbolzen, durch den die geringfügig unterschiedlichen Verschlußabstände ausgeglichen werden. (Fliegender Schlagbolzen: ein fliegender oder Trägheits-Schlagbolzen ist höchstens ebenso lang wie die Bohrung, in der er im Verschluß gelagert ist. Der fliegende Schlagbolzen wird von einer schwachen Feder über die Aufschlagfläche des Schlaghebels im Verschluß hinausgedrückt. Beim Auftreffen auf den Schlagbolzen wird vom Schlaghebel soviel Bewegungsenergie auf den Schlagbolzen übertragen, daß die Patrone gezündet wird. A.d.Ü.) Sobald Verschleißerscheinungen auftreten, ist von dieser Praxis jedoch dringendst abzuraten. Ein besonders häufiges Problem tritt auf, wenn versucht wird, aus einer stark gebrauchten Waffe Patronen im Kaliber 9 mm Parabellum zu verschießen. Oftmals kommt es hierbei zu Störungen bei der Patronenzuführung. Falls die Patrone dennoch zugeführt wird, sitzt sie zu tief im Patronenlager. Dadurch wird der Patronenboden vom Stoßboden nur ungenügend abge-

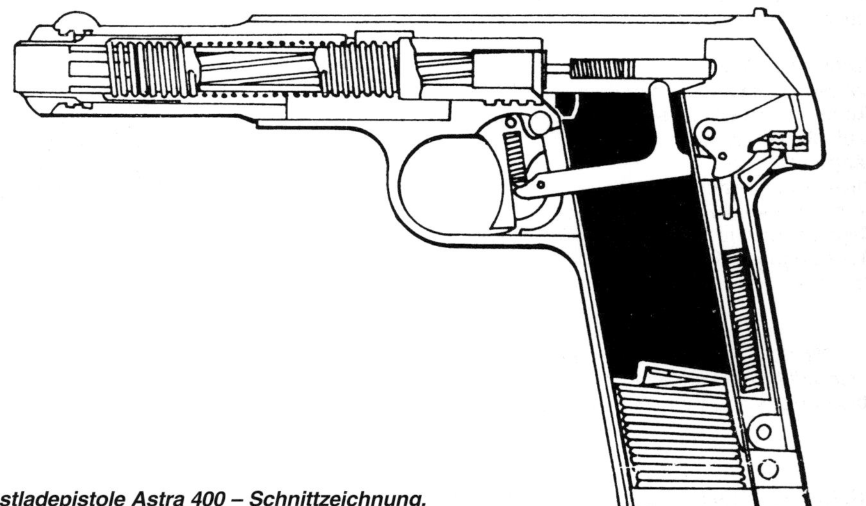

Selbstladepistole Astra 400 – Schnittzeichnung.

stützt, der Lauf nicht sicher nach hinten verschlossen, und die bei der Schußabgabe entstehenden Pulvergase entweichen unter hohem Druck durch die Zündkanäle im Patronenboden nach hinten.

Die Serienproduktion der *Astra 400* wurde 1946 eingestellt, nachdem etwa 106 000 Waffen gefertigt worden waren. Für die deutsche Wehrmacht wurde 1943 eine interessante Modellvariante mit der Bezeichnung *Astra 600* gefertigt. Dabei handelte es sich um eine verkleinerte Ausführung der *Astra 400* für die Patrone 9 mm Parabellum. Etwa 10 450 Exemplare dieser Waffe kamen zur Auslieferung, danach wurden weitere 49 000 Stück gefertigt und auf dem zivilen Markt angeboten. Eine Anzahl Waffen wurde nach dem II. Weltkrieg für die Polizeien einiger bundesdeutscher Länder beschafft.

Technische Daten:
Kaliber: 9 mm X 23 (9 mm Bergmann Bayard)
Funktion: Rückstoßlader mit feststehendem Lauf, Masseverschluß
Länge: 235 mm
Gewicht, ungeladen: 1080 g
Lauf: 140 mm, 6 Züge, Rechtsdrall
Magazin: Stangenmagazin für 8 Patronen
Mündungsgeschwindigkeit: 345 Meter pro Sekunde

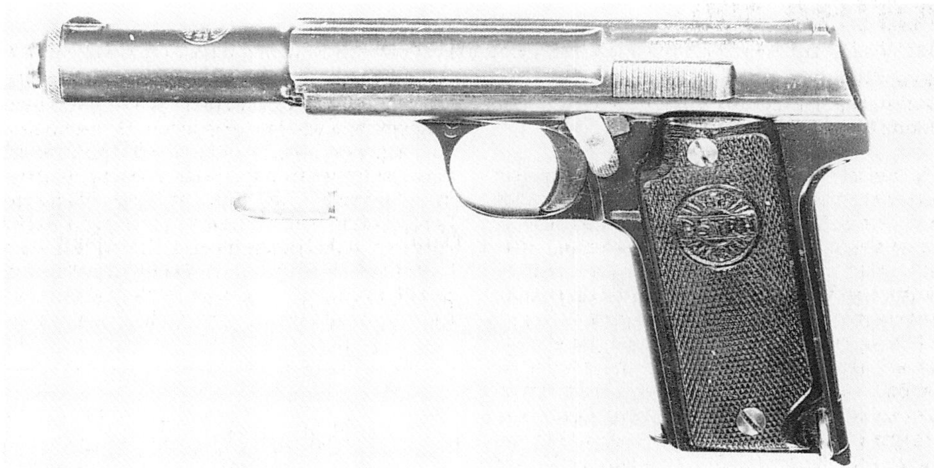

Die 1921 bei den spanischen Streitkräften eingeführte Selbstladepistole Astra 400 war bis in die 50er Jahre als Ordonnanzpistole in Gebrauch.

Selbstladepistole Astra 600 im Kaliber 9 mm Parabellum, Verschluß geöffnet.

ASTRA A 80

Hersteller: Astra-Unceta y Cia., Guernica (Modell-Variante: Astra A 90)

Die Selbstladepistole Astra *A 80* ist speziell auf die Bedürfnisse von Militär und Polizei abgestimmt. Neben anderen Konstruktionsmerkmalen verfügt sie über ein fortschrittliches Spannabzugssystem, eine hohe Magazinkapazität, kompakte Abmessungen und die Möglichkeit, sie zum Verschießen verschiedener gängiger Patronen einzurichten. Die Sicherungseinrichtungen gestatten ein gefahrloses Führen der fertiggeladenen Waffe.
Anstelle einer herkömmlichen manuellen Sicherung verfügt die *A 80* über einen Entspannhebel, der auch auf das Abzugssystem wirkt. Bei Betätigung des Entspannhebels wird der Schlaghebel ausgelöst und in einer Sicherheitsrast gefangen, bevor er auf den Schlagbolzen treffen kann. Gleichzeitig wird automatisch der Schlagbolzen festgelegt, so daß bei einem Versagen der Sicherungsrast und einem unbeabsichtigten Abschlagen des Schlagbolzens kein Schuß ausgelöst werden kann. Der Spannabzug ermöglicht die Abgabe des ersten Schusses ohne vorheriges Spannen des Schlaghebel (wie bei anderen Waffen mit *Double Action*-Abzugssystem kann vor Abgabe des ersten Schusses der Schlaghebel selbstverständlich auch manuell gespannt werden). In beiden Fällen wird bei Betätigung des Abzugs, unmittelbar bevor der Schlaghebel ausgelöst wird, die automatische Schlagbolzensperre aufgehoben. Bei der Standardausführung der *A 80* sind die Bedienelemente auf der linken Seite des Griffstücks angeordnet. Auf Wunsch können diese jedoch auf die rechte Waffenseite verlegt werden, so daß die Waffe auch von Linkshändern gehandhabt werden kann.
Die Selbstladepistole Astra *A 80,* deren Serienproduktion 1981 aufgenommen wurde, ist zwischenzeitlich bei den Streitkräften und Sicherheitsorganen einer Reihe von Staaten eingeführt. Eine verbesserte Variante mit der Bezeichnung *A 90* kam 1985 auf den Markt. Dieses Modell ist im wesentlichen baugleich mit der *A 80,* sie erhielt jedoch eine zusätzliche manuelle Sicherung im Verschluß. Bei Betätigung des Sicherungshebels wird der hintere Teil eines neuartigen, zweiteiligen Schlagbolzens so abgeschwenkt, daß er nicht mehr mit dem vorderen Teil des Schlagbolzens fluchtet und vom Schlaghebel nicht erreicht werden kann. Da der Entspannhebel-Mechanismus der *A 80* beibehalten wurde, verfügt die Waffe damit über mehrere unabhängig voneinander wirkende Sicherungen.

Selbstladepistole Astra A 80.

Technische Daten:
Kaliber: 9 mm X 19 (9 mm Parabellum); 9 mm X 23 (.38 Super Auto); 7,65 mm X 22 (7,65 mm Parabellum); 11,43 mm X 23 (.45 ACP)
Funktion: Rückstoßlader mit kurz zurückgleitendem Lauf, Schwenklaufverriegelung
Länge: 180 mm
Gewicht, ungeladen: 985 g
Lauf: 96,5 mm
Magazin: Stangenmagazin für 15 oder für 8 (Kaliber .45 ACP) Patronen
Mündungsgeschwindigkeit: 350 Meter pro Sekunde (9 mm Parabellum)

Astra A 80 im Kaliber .45 ACP mit seitlichem Magazinhalteknopf.

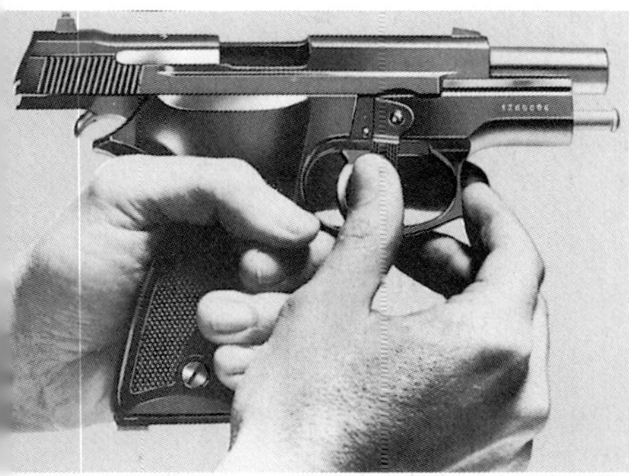

Das Zerlegen der Astra A 80 erfolgt durch Drehen eines an der rechten Seite der Waffe angeordneten Demontagehebels.

Hersteller: Llama-Gabilondo y Cia., Vitoria

Die Firma Gabilondo begann 1904 mit der Herstellung billiger Revolver und fertigte während des I. Weltkrieges einfache Selbstladepistolen für den Export nach Frankreich. Nach 1918 verlegte sie sich zunächst auf Nachbauten verschiedener Browning Modelle. 1931 startete das Unternehmen mit der *Llama*-Selbstladepistolen-Reihe, die zu den besten der in Spanien gefertigten Kurzwaffen gehörten. Alle diese Pistolenmodelle basierten auf der *Colt Pistole M 1911*. Da sie gut verarbeitet waren, konnten sie weltweit exportiert werden. Eines dieser Modelle im Kaliber 9 mm Parabellum mit der Bezeichnung *Llama Especial* kam während des Spanischen Bürgerkriegs (1936-39) auf Seiten der Nationalisten zum Einsatz. Nach dem Bürgerkrieg gehörte die Firma Gabilondo zu jenen drei spanischen Waffenfirmen, denen die Erlaubnis zur Herstellung von Pistolen erteilt wurde (die beiden anderen Firmen waren Star-Bonifacio Echeverria und Astra-Unceta).

Die Selbstladepistole *M 82* wurde anfangs der 80er Jahre erstmals vorgestellt und ist zwischenzeitlich bei den spanischen Streitkräften als Ordonnanzpistole eingeführt. Bei der Konstruktion dieser modernen Spannabzugspistole wurde anstelle der bisher bei Llama-Pistolen üblichen Schwenklaufverriegelung die Sperrklinkenverriegelung der *Walther P 38* übernommen. Dabei werden Lauf und Verschluß durch einen unter dem Lauf angeordneten Schwenkriegel mechanisch starr miteinander verbunden. Bei der *M 82* wird der Schwenkriegel nach kurzem gemeinsamem Rücklauf von Lauf und Verschluß durch einen im Griffstück federnd gelagerten Bolzen abgeschwenkt, wodurch die Verriegelung aufgehoben wird und der Verschluß den Rücklauf alleine fortsetzt. Dabei wird die Patronenhülse ausgezogen, ausgeworfen und der außenliegende Schlaghebel gespannt. Beim Vorlauf wird eine Patrone zugeführt, der Riegel nach oben geschwenkt und Lauf und Verschluß verriegelt.

Bei gesicherter Waffe wird beim Vorlauf des Verschlusses der Schlaghebel ausgelöst und automatisch entspannt. In diesem Zustand kann die Waffe gefahrlos geführt werden und ist sofort feuerbereit – der Schütze muß lediglich den griffgünstig angeordneten Sicherungshebel mit dem Daumen der Schießhand nach oben schwenken und den Spannabzug betätigen.

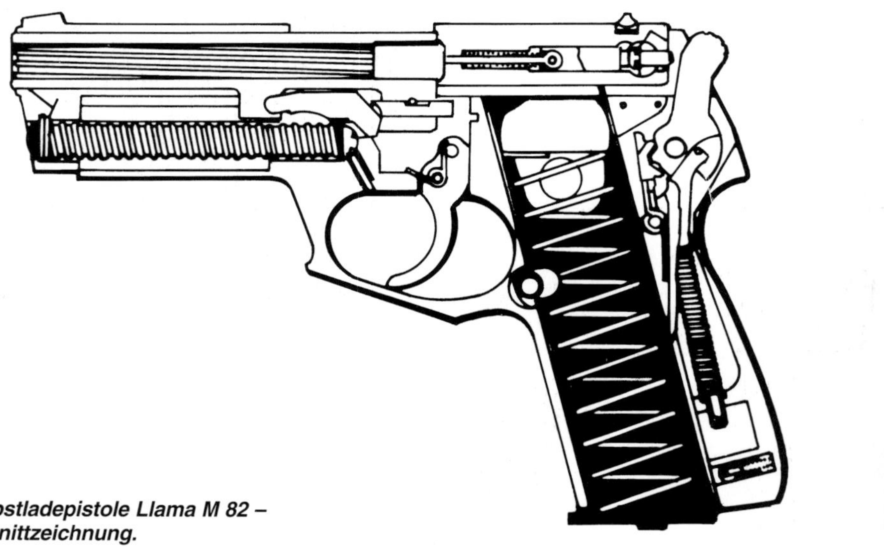

Selbstladepistole Llama M 82 – Schnittzeichnung.

Technische Daten:
Kaliber: 9 mm X 19 (9 mm Parabellum)
Funktion: Rückstoßlader mit kurz zurückgleitendem Lauf, Sperrklinkenverschluß
Länge: 209 mm
Gewicht: 1110 g
Lauf: 114 mm, 6 Züge, Rechtsdrall
Magazin: Stangenmagazin für 15 Patronen
Mündungsgescwindigkeit: 345 Meter pro Sekunde

Llama M 82, daneben ein gefülltes Magazin.

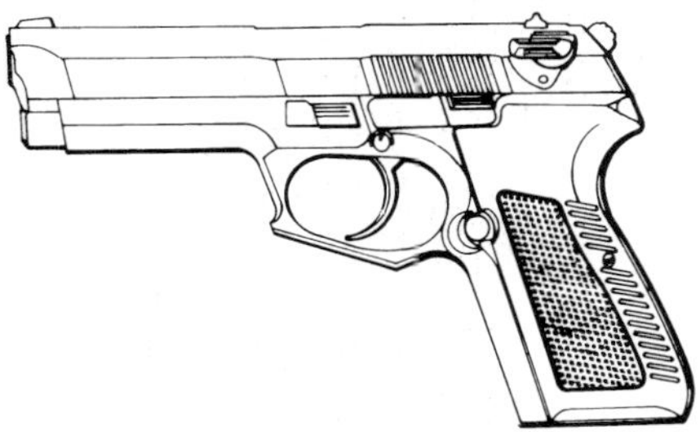

Hersteller: Star-Bonifacio Echeverria SA, Eibar
(Modell-Variante: Modell 30 PK)

Die eingeführte Firma Star hat sich bereits um die Jahrhundertwende auf die Fertigung von Selbstladepistolen spezialisiert und gehört zu den drei spanischen Pistolenherstellern, die als einzige den Bürgerkrieg überstanden haben. Es scheint, als habe sich die Firma zunächst an den Konstruktionen von Mannlicher orientiert, aber zu Beginn der 20er Jahre wurde das bekannte Colt/Browning-System übernommen und seitdem beibehalten.
Das 1988 vorgestellte *Modell 30* war die Weiterentwicklung des *Modell 28*. Es ist den modernen Pistolenkonstruktionen zuzuordnen, da es über eine innenliegende automatische Schlagbolzensicherung verfügt. Der Sicherungshebel ist beidseitig am Verschluß angeordnet, so daß die Waffe sowohl von Rechts- als auch von Linkshändern gehandhabt werden kann. Die Schwenkbewegung des Laufs bei der Ver- und Entriegelung wird über einen in Höhe des Patronenlagers angearbeiteten Ansatz und eine rechtwinklig zur Längsachse im Griffstück angeordnete Welle gesteuert. Die Verriegelung erfolgt durch zwei Verriegelungswarzen an der Oberseite des Laufes, die in zwei entsprechende Ausnehmungen im Verschluß eingreifen.
Eine Besonderheit der Waffe ist, daß der Verschluß in zwei innenliegenden Führungsnuten im Griffstück geführt wird. Diese Art der Verschlußführung, die ansonsten nur bei Pistolen aus schweizerischer Produktion bekannt ist, verursacht zwar zweifellos höhere Kosten infolge der aufwendigen Fertigung, hat aber den Vorteil, daß der Verschluß exakter geführt wird – was sich vorteilhaft auf die Trefferleistung auswirkt.
Die Selbstladepistole *M 30* verfügt über keinen Entspannhebel. Da der Schlaghebel bei gesicherter Waffe den Schlagbolzen nicht erreichen kann, kann er durch einfaches Abschlagen entspannt werden. Bei entspanntem Schlaghebel kann die Waffe gefahrlos geführt werden. Wird die Waffe entsichert und der Abzug betätigt, wird der Schlaghebel gespannt, selbsttätig ausgelöst und die im Patronenlager befindliche Patrone gezündet. Nach Auskunft der Herstellerfirma verhindert dieses Sicherungssystem, daß bei wiederholtem Abschlagen des Schlaghebels bei ungeladener Waffe der Schlagbolzen beschädigt wird. Die Waffe besitzt eine Magazinsicherung, die den Abzugsmechanismus außer Funktion setzt, wenn sich kein Magazin in der Waffe befindet. Da nicht alle Käufer diese Vorrichtung schätzen, ist sie so ausgelegt, daß sie mühelos ausgebaut werden kann.
Die Variante mit der Bezeichnung *30 PK* verfügt über ein Griffstück aus Leichtmetall und etwas kleinere Abmessungen.

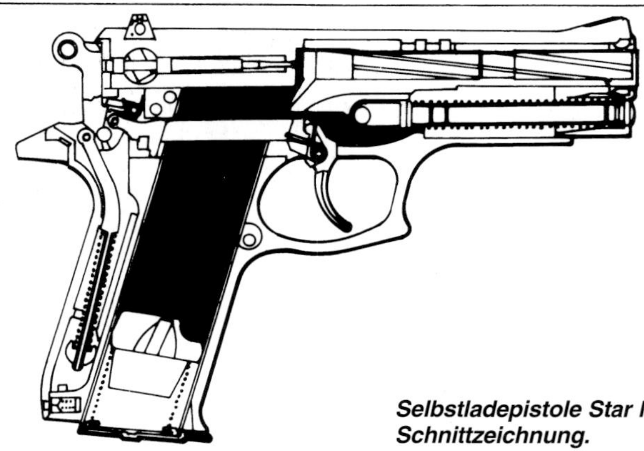

Selbstladepistole Star Modell 28 – Schnittzeichnung.

Technische Daten:
Kaliber: 9 mm X 19 (9 mm Parabellum)
Funktion: Rückstoßlader mit kurz zurückgleitendem Lauf, Schwenklaufverriegelung
Länge: 205 mm (30 M); 193 mm (30 PK)
Gewicht: 1140 g (30 M); 860 g (30 PK)
Lauf: 120 mm (30 M); 98 mm (30 PK)
Magazin: Stangenmagazin für 15 Patronen
Mündungsgeschwindigkeit: 375 Meter pro Sekunde

Selbstladepistole Star Modell 30 M.

Die Visierung der Star 30 M mit Leuchtmarkierungen.

Hersteller: Lyttleton Engineering Co., Pretoria

Südafrika beschaffte sich in der Vergangenheit Faustfeuerwaffen für Polizei und Streitkräfte bei verschiedenen Herstellerfirmen wie FN, Star und anderen; aber durch das 1960 von den Vereinten Nationen verhängte Embargo wurde jegliche Waffeneinfuhr unterbunden. Anstatt jedoch das weiße Südafrika wie beabsichtigt zu schwächen, sah sich dieses lediglich gezwungen, sich auf das eigene Potential zu besinnen und eine eigene Waffenindustrie aufzubauen. Damit wurde Südafrika vom reinen Abnehmer zum Hersteller und Exporteur.

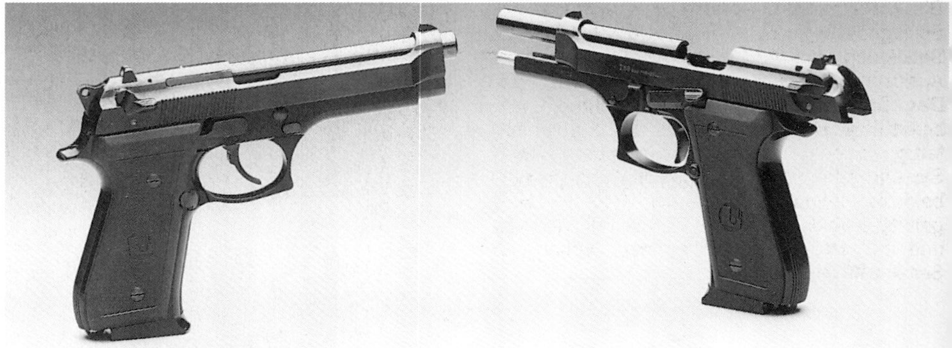

Selbstladepistole Vektor Z 88, rechts mit geöffnetem Verschluß. Die Ähnlichkeit dieser ersten in Südafrika produzierten Pistole mit der Beretta Modell 92 ist unverkennbar.

Ein erstes Projekt war die Lizenzfertigung einer Version der *Beretta Modell 92,* die als *Vektor Z 88* bezeichnet wurde. Nachdem die Serienfertigung angelaufen und der dringendste Bedarf gedeckt worden war, gingen die Südafrikaner daran, ihre eigenen Ideen zu verwirklichen: Sie entwickelten eine als *Vektor SP 1* bezeichnete Selbstladepistole.

Dabei handelt es sich um einen Rückstoßlader mit kurz zurückgleitendem Lauf, wobei die starre Verriegelung zwischen Lauf und Verschluß über einen Schwenkriegel erfolgt, wie er von der Walther *P 38* und der *Beretta Modell 92* bekannt ist. Dieses Verriegelungssystem hat den Vorteil, daß der Lauf in Verlängerung der Seelenachse gleitet, was sich vorteilhaft auf die Trefferleistung

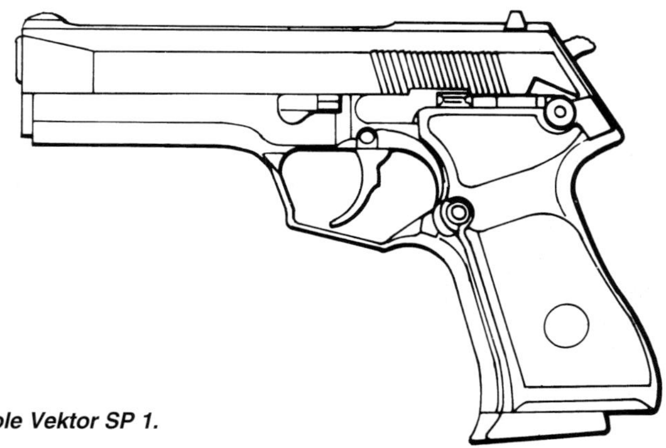

Selbstladepistole Vektor SP 1.

auswirkt. Der Verschluß der *Vektor SP 1* wird aus einem Rohling gefräst, das Griffstück besteht aus einer Leichtmetall-Legierung.
Die Waffe hat eine innenliegende automatische Schlagbolzensperre, die nur bei absichtlicher Betätigung des Abzugs unmittelbar vor dem Auslösen des Schlaghebels aufgehoben wird. Der Spannabzug stellt die rasche Feuerbereitschaft sicher und erlaubt das Führen der fertiggeladenen und entspannten Waffe. Sicherungshebel und Magazinhalteknopf sind beidseitig angeordnet. Die seit 1992 in Serie gefertigte *Vektor SP 1* wurde bei den Streitkräften und der Polizei Südafrikas als Ordonnanz-Seitenwaffe eingeführt.

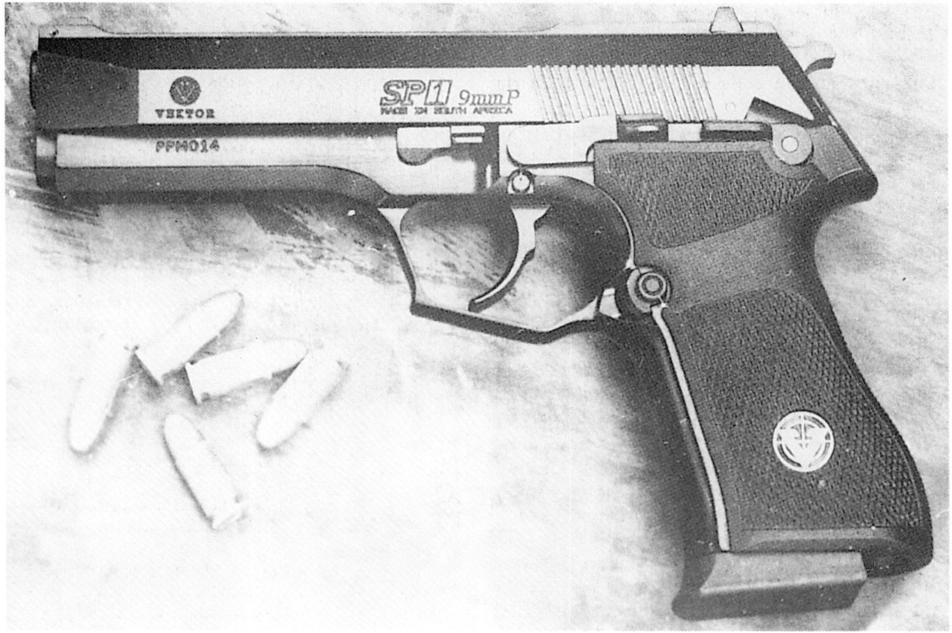

Selbstladepistole Vektor SP 1.

Technische Daten:
Kaliber: 9 mm X 19 (9 mm Parabellum)
Funktion: Rückstoßlader mit kurz zurückgleitendem Lauf, Sperrklinkenverschluß
Länge: 210 mm
Gewicht: 995 g
Lauf: 118 mm, 4 Züge, Rechtsdrall
Magazin: Stangenmagazin für 15 Patronen
Mündungsgeschwindigkeit: 360 Meter pro Sekunde

Hersteller: Ceska Zbrojovka, Strakonice

Ende der 40er Jahre forderten die tschechoslowakischen Streitkräfte eine neue Ordonnanzpistole. Die Lage der Tschechoslowakei innerhalb der sowjetischen Einflußsphäre bedingte eine Auslegung der Pistole für die sowjetische Patrone 7,62 mm Tokarew (7,62 mm X 25). Diese starke Patrone erforderte ein starr verriegeltes Verschlußsystem. Die Tschechen taten ein übriges und entschieden sich für eine Patrone mit verstärkter Treibladung, die dem Geschoß eine höhere Mündungsgeschwindigkeit verleihen sollte. Das Verschlußsystem war somit von ausschlaggebender Bedeutung.

In der Folge wurde ein ungewöhnliches Verschlußsystem entwickelt, mit einer Rollen-Verriegelung, die noch in keiner anderen Pistole angewandt worden war. Im Laufansatz lagert beidseitig eine Rolle. Befindet sich der Verschluß in vorderster Stellung, liegen die beiden Rollen in zwei entsprechenden Ausnehmungen der Verschluß-Seitenwände. Damit sind Lauf und Verschluß mechanisch starr miteinander verbunden. Bei der Schußabgabe gleiten Lauf und Verschluß gemeinsam eine kurze Strecke zurück – bis die Rollen über Steuerkurven einwärts in den Laufansatz gedrückt werden und aus den Ausnehmungen im Verschluß austreten. Verschluß und Lauf trennen sich voneinander und der Verschluß setzt seinen Rücklauf alleine fort. Beim Vorlauf werden die Verriegelungsrollen über Steuerkurven nach außen gedrückt, bis sie vollständig in die Ausnehmungen im Verschluß eingetreten sind.

Dieses komplexe, aber äußerst haltbare und wirkungsvolle Verschlußsystem war zweifellos sehr kostenaufwendig in der Herstellung. Möglicherweise geht es auf eine Konstruktion zurück, die sich Paul Mauser 1910 patentieren ließ. Später wurde diese Verschlußkonstruktion weiterentwickelt und nach seiner Vervollkommnung im deutschen MG 42 verwendet. Daß ein solches System in einer Pistole zur Anwendung kam, ist durchaus bemerkenswert.

Die *CZ 52* wurde nur wenige Jahre in Serie gefertigt und die Produktion um 1957 eingestellt. Die Waffe blieb noch einige Jahre bei den Streitkräften in Gebrauch, aber seit Beginn der 80er Jahre wurde sie nach und nach von der Selbstladepistole *CZ 83* abgelöst, einer simplen Konstruktion mit unverriegeltem Masseverschluß.

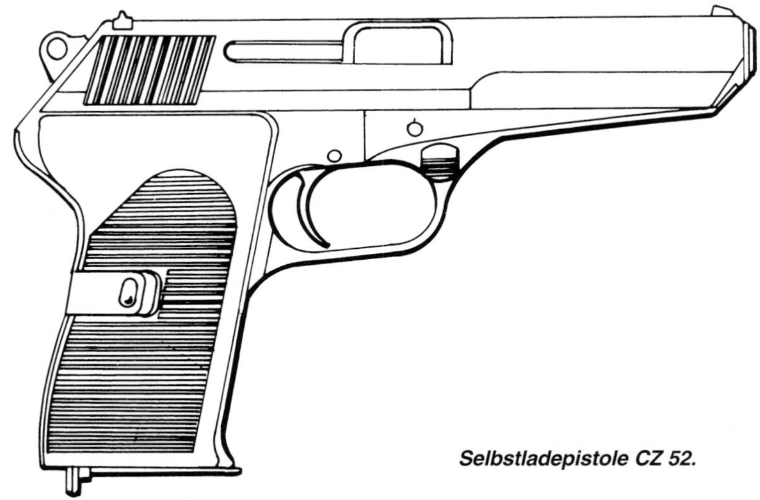

Selbstladepistole CZ 52.

Technische Daten:
Kaliber: 7,62 mm X 25 (M 48)
Funktion: Rückstoßlader mit kurz zurückgleitendem Lauf, starr verriegelter Rollenverschluß
Lauf: 209 mm
Gewicht, ungeladen: 950 g
Lauf: 120 mm, 4 Züge, Rechtsdrall
Magazin: Stangenmagazin für 8 Patronen
Mündungsgeschwindigkeit: 457 Meter pro Sekunde

CZ 52 – deutlich zu erkennen der massive Verschluß, bedingt durch die verwendete tschechoslowakische Ordonnanzpatrone und die daraus resultierende Verschlußkonstruktion.

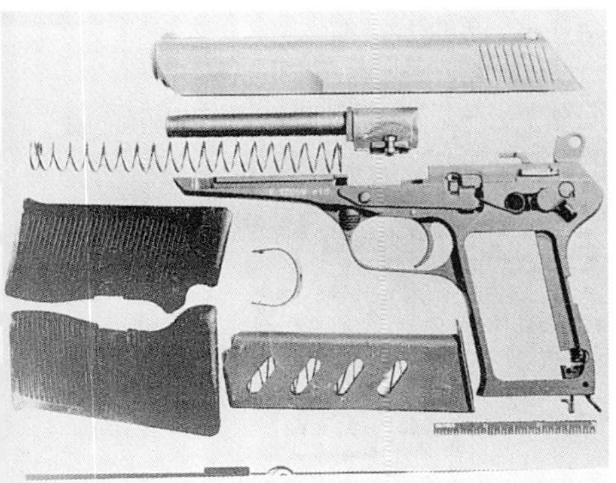

CZ 52 – zerlegt in die Hauptteile.

Hersteller: Ceska Zbrojovka, Uhersky Brod (Modell-Variante: CZ 85)

Diese Selbstladepistole wurde nicht als Ordonnanzwaffe eingeführt, weil die Patrone 9 mm X 19 in keinem Staat des Warschauer Paktes als Ordonnanzpatrone verwendet wurde. Ausschließlich für den Export erzeugt, war sie auf dem Markt überaus gefragt und erlangte aufgrund ihrer Ganzstahl-Ausführung und ihrer Präzision einen hervorragenden Ruf. Später führten sie verschiedene Polizeiverbände der Tschechoslowakei als Dienstwaffe ein. Mehrere ausländische Waffenbauer kopierten die *CZ 75* und boten sie auf dem zivilen Markt an.

Der von den Gebrüdern Frantisek und Josef Koucky entwickelten Konstruktion wurde das altbewährte Browning-System mit Schwenklaufverriegelung zugrunde gelegt, wobei die Steuerung über eine Kurve unterhalb des Patronenlagers erfolgt. Bei der Fertigung werden spanabhebende Verfahren angewandt; Verschluß und Griffstück werden aus Feinguß-Rohlingen gefräst, die Oberflächen sorgfältig bearbeitet. Die Waffe verfügt über einen Spannabzug, die Sicherungseinrichtung wirkt auf den Abzug. Der Schlaghebel wird beim Sichern über den an der linken Seite des Griffstücks angebrachten Sicherungshebel nicht entspannt. Interessant ist in diesem Zusammenhang, daß der Schlaghebel ursprünglich mit einer Fangrast (Sicherheitsrast) versehen war, die jedoch auf Drängen der Fertigungsingenieure später weggelassen wurde, um die Produktion zu vereinfachen. Nachdem sich daraufhin in der BRD zwei oder drei Unfälle ereigneten, erhielten die Waffen wieder einen Schlaghebel mit Sicherheitsrast. Sämtliche Bedienelemente – Sicherungshebel, Verschlußfanghebel und Magazinhalteknopf – sind griffgünstig (für Rechtshänder) an der linken Seite des Griffstücks angeordnet. Aufgrund des Konkurrenzdrucks von beidseitig bedienbaren Pistolen wurde in Folge das Modell *CZ 85* entwickelt. Dabei handelt es sich um die gleiche Grundkonstruktion, jedoch mit beidseitig angeordneten Sicherungs- und Verschlußfanghebeln, so daß sich die Waffe auch von Linkshändern handhaben läßt. Die Verschlußoberseite wurde mit Längsrillen versehen, die störende Lichtreflexe unterdrücken sollen. Einige geringfügige technische Änderungen an den Innenteilen vereinfachen die Fertigung und haben zu einer Verbesserung der Abzugseigenschaften beigetragen. Eine Schraube ermöglicht eine problemlose seitliche Verstellung des Visiers. Derzeit werden beide Modell in Serie gefertigt.

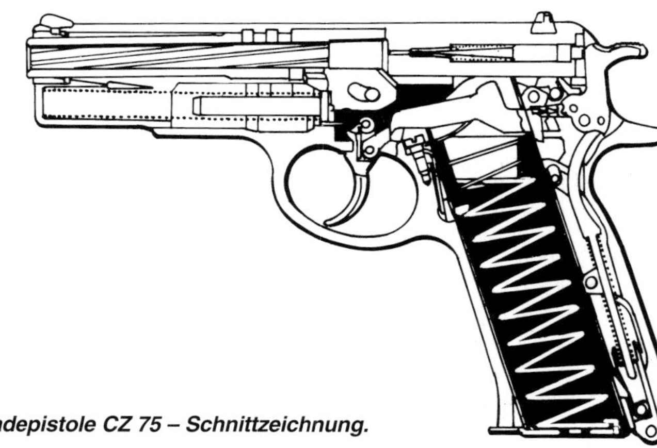

Selbstladepistole CZ 75 – Schnittzeichnung.

Technische Daten:
Kaliber: 9 mm X 19 (9 mm Parabellum)
Funktion: Rückstoßlader mit kurz zurückgleitendem Lauf, Schwenklaufverriegelung
Länge: 203 mm
Gewicht, ungeladen: 980 g
Lauf: 120 mm, 6 Züge, Rechtsdrall
Magazin: Stangenmagazin für 15 Patronen
Mündungsgeschwindigkeit: 338 Meter pro Sekunde

Die Pistole CZ 75 – im deutschen Sprachraum oftmals als `Brünner Modell 75' bezeichnet – hat aufgrund ihrer einfachen und robusten Konstruktion in den USA, in England, Italien und einigen anderen Staaten Lizenznehmer gefunden und Nachahmer auf den Plan gerufen.

CZ 85, Schlaghebel gespannt. Die Aufnahme läßt die griffgünstige Anordnung der Bedienelemente erkennen.

FÉG P 9

Hersteller: Fegyver ‚s Gazkeszülekgyara, Budapest
(Modell-Varianten: P 9 R; P 9 RA; FP 9)

Die staatliche Firma FÉG (Waffen- und Gasgeräte-Fabrik) produziert seit Anfang der 80er Jahre eine Selbstladepistole *P 9,* bei der es sich um eine Kopie der *Browning GP 35 (High-Power)* Pistole handelt. Trotz einiger geringfügiger Abweichungen in den Maßen lassen sich zahlreiche Teile beider Waffen untereinander austauschen. Zwischenzeitlich entwickelte FÉG einige technisch verbesserten Modellvarianten, die sich durch einige interessante Merkmale von der *P 9* unterscheiden.
Da es sich bei der *P 9* lediglich um eine GP-35-Kopie handelt, ist es nicht notwendig, sie an dieser Stelle zu beschreiben. Eine der augenfälligsten Neuerungen der Mitte der 80er Jahre auf den Markt gebrachten *P 9 R* war die vom Griffstück in den Verschluß verlagerte manuelle Sicherung. Gleichzeitig wurde eine Version *P 9 RA* mit Leichtmetall-Griffstück vorgestellt; es verringerte das Gewicht der Waffe auf 820 Gramm. Im Gegensatz zur *Browning GP 35* verfügen die ungarischen Pistolen über einen Spannabzug, was eine ganz erhebliche Weiterentwicklung des Grundmodells bedeutet. Die im Verschluß angeordnete manuelle Sicherung erlaubt das gefahrlose Entspannen des Schlaghebels bei geladener Waffe, ohne daß hierzu der Abzug betätigt werden muß. Bei gesicherter Waffe ist der Schlagbolzen festgelegt – eine Sicherungseinrichtung, die in ähnlicher Form in der *Walther P 38* Verwendung findet. Interessant ist, daß die Pistole *P 9 R* in einer Ausführung speziell für Linkshänder angeboten wird. Sicherungshebel, Magazinhalter und Verschlußfanghebel sind auf der rechten Seite, das Hülsenauswurffenster auf der linken Seite angeordnet.
Eine leicht abgewandelte Version der zwischenzeitlich nicht mehr produzierten *P 9* mit einem geringfügig verstärkten Griffstück und einer ventilierten Schiene auf der Oberseite des Verschlusses wird als *FP 9* angeboten.

Technische Daten:
Kaliber: 9 mm X 19 (9 mm Parabellum)
Funktion: Rückstoßlader mit kurz zurückgleitendem Lauf, Schwenklaufverriegelung
Länge: 203 mm
Gewicht, ungeladen: 950 g
Lauf: 118 mm, 6 Züge, Rechtsdrall
Magazin: Stangenmagazin für 13 Patronen
Mündungsgeschwindigkeit: 350 Meter pro Sekunde

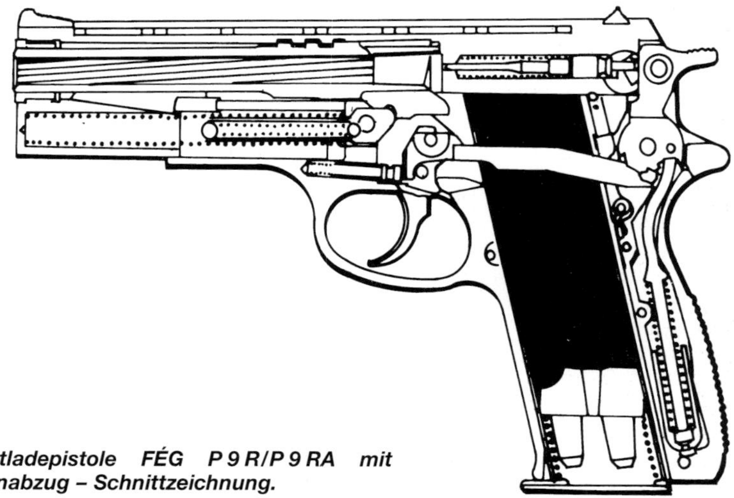

Selbstladepistole FÉG P 9 R/P 9 RA mit Spannabzug – Schnittzeichnung.

Die FP 9 mit Hahnspanner-Abzugssystem. Die ventilierte und auf der Oberseite guillochierte Schiene soll verhindern, daß störende Lichtreflexe und aufsteigende Hitzeschlieren den Schützen beim Zielen behindern.

Diese Aufnahme der in ihre Hauptteile zerlegten Pistole FÉG P 9 läßt die Ähnlichkeit mit der Browning GP 35 erkennen.

CALICO M 950 USA

Hersteller: Calico Inc., Bakersfield

Bei der 1989 erstmals vorgestellten Waffe handelt es sich um eine recht eigenwillige Konstruktion. Die einzelnen Teilgruppen lassen sich im Baukastenprinzip zusammensetzen und ermöglichen die Verwendung der Waffe als Pistole oder als Karabiner. Das zylindrische Magazin mit einem enormen Fassungsvermögen wird auf die Oberseite der Waffe aufgesteckt. Im Unterschied zu anderen Konstruktionen erfolgt bei der *Calico M 950* die Patronenzufuhr von oben und die Hülsen werden nach unten ausgeworfen.
Griffstück und Gehäuse bestehen aus Aluminium und bilden eine Einheit mit dem Pistolengriff und dem Vorderschaft, der ein Schießen im beidhändigen Anschlag ermöglicht. Der Lauf wird aus Chrom-Molybdän-Stahl gefertigt. Der Rollenverschluß entspricht in seiner Funktion dem Verschlußmechanismus, wie er beispielsweise im G 3 von Heckler & Koch zur Anwendung kommt. Dabei erfolgt im Augenblick der Schußabgabe die Abstützung der Patronenhülse durch einen übersetzten Masseverschluß, der auch eine Impulsteilung bewirkt. Dabei wird ein Teil der Rückdruckkräfte direkt auf das Gehäuse übertragen. Durch eine besondere Formgebung der Steuerkurven im Gehäuse ist die Übersetzung auf die Druckverhältnisse im Lauf abgestimmt. Die Übersetzung wird erst aufgehoben, wenn das Geschoß den Lauf verlassen hat. Beim Rücklauf des Verschlusses wird die Hülse ausgezogen, ausgeworfen und der Schlaghebel gespannt. Beim Vorlauf wird eine Patrone zugeführt und die Stützrollen treten in die Ausnehmungen im Gehäuse ein.

Das zylindrisch geformte Magazin wird von oben an die Waffe angesteckt. Die Patronen im Magazin sind schraubenförmig um dessen Längsachse angeordnet und werden von einem unter Federdruck stehenden Zubringer, der um die Längsachse drehbar gelagert ist, gegen die Magazinlippen gedrückt. Durch diese Lagerung der Patronen im Magazin und die besondere Art der Zuführung wird eine Reibung an der Magazinwandung weitgehend vermieden. Das Standardmagazin hat ein Fassungsvermögen von 50 Patronen, ein Magazin mit einer Kapazität von 100 Patronen ist ebenfalls lieferbar.
Die Kimme ist im Magazin, der Kornsockel, der das nach Höhe und Seite verstellbare Korn aufnimmt, fest im Waffengehäuse integriert. Mit der Waffe kann nur Einzelfeuer abgegeben werden, weshalb sie in die Gruppe der Selbstlader einzureihen ist.

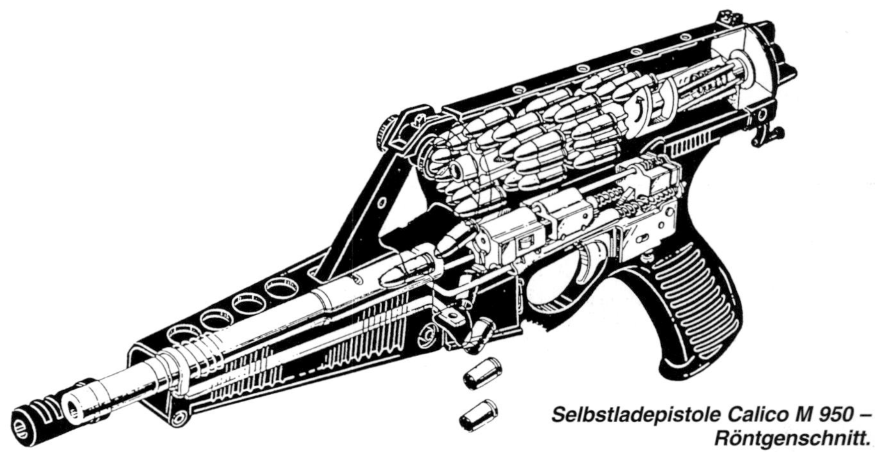

Selbstladepistole Calico M 950 – Röntgenschnitt.

Technische Daten:
Kaliber: 9 mm X 19 (9 mm Parabellum)
Funktion: Rückstoßlader mit feststehendem Lauf, beweglich abgestützter Rollenverschluß
Länge: 355 mm (mit Magazin für 50 Patronen)
Gewicht, ungeladen: 1020 g
Lauf: 152 mm, 6 Züge, Rechtsdrall
Magazin: ansteckbares Röhrenmagazin für 50 oder für 100 Patronen
Mündungsgeschwindigkeit: 393 Meter pro Sekunde

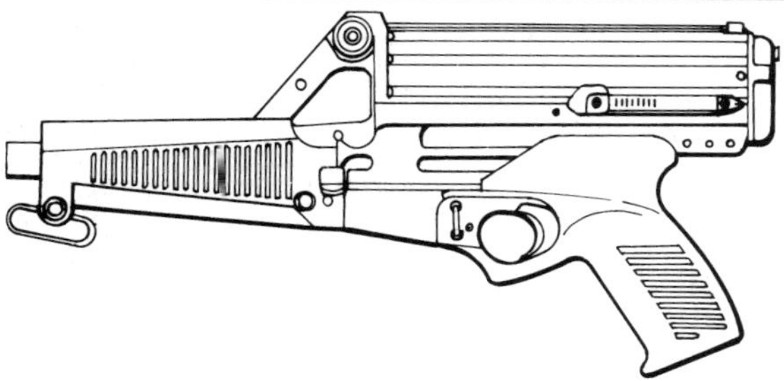

Calico M 950 mit angestecktem Magazin für 50 Patronen, darüber ein Magazin mit einem Fassungsvermögen von 100 Patronen.

COLT M 1911 A1

USA

Hersteller: Colt Firearms, Hartford, Connecticut

Seit Einführung der *M 1911* im Jahre 1911 bis zu ihrer Ablösung durch die Pistole M 9 (Beretta 92 F) im Jahre 1985 tat die Selbstladepistole Colt *M 1911 A1* bei den US-Streitkräften als Ordonnanzwaffe Dienst.
Bei der *M 1911* kam erstmals die von John Moses Browning entwickelte Schwenklaufverriegelung (Laufwarzenverriegelung) zur Anwendung, die zwischenzeitlich unzählige Male kopiert wurde. Dabei dient als Steuerelement für die Schwenkbewegung des Laufes eine bewegliche Laufkette (Schwinge). Diese verbindet eine Welle mit dem Laufansatz; eine zweite Welle verbindet sie mit dem Griffstück. Bei der Schußabgabe werden Lauf und Verschluß zunächst gemeinsam zurückbewegt, bis der Lauf von der Kette nach unten geschwenkt und angehalten wird. Dabei werden zwei Verriegelungswarzen an der Laufoberseite aus entsprechenden Nuten im Verschluß gezogen, wodurch die Verriegelung aufgehoben wird. Der Verschluß setzt seinen Weg alleine fort, zieht die Patronenhülse aus, wirft sie aus und spannt den Schlaghebel (Hahn). Die unter dem Lauf angeordnete Schließfeder, die während des Rücklaufs gespannt wird, wirft den Verschluß wieder nach vorne. Dabei wird eine Patrone aus dem Magazin ausgestoßen und zugeführt. Über die Kette wird der Lauf nach oben geschwenkt, die Verriegelungswarzen treten in die Nuten im Verschluß ein, und die Verriegelung ist erneut hergestellt.
Die Waffe ist mit zwei unabhängig voneinander wirkenden Sicherungseinrichtungen ausgestattet: einer manuellen Drehhebelsicherung (Flügelsicherung), die sich nur bei gespanntem Schlaghebel betätigen läßt, und einer automatisch wirkenden Griffsicherung (Handballensicherung), die nur durch richtiges Erfassen der Waffe außer Funktion gesetzt wird. Dabei wirkt die manuelle Sicherung auf Spannstück und Schlaghebel, die Griffsicherung auf die Abzugstange. Dennoch ist es nicht ratsam, die Waffe, deren Schlaghebel vor dem ersten Schuß

Colt Government Model: – die für den zivilen Markt gefertigte Version der Pistole M 1911 A1, die sich von der Ordonnanzpistole hauptsächlich durch die Bearbeitung der Metalloberflächen unterscheidet.

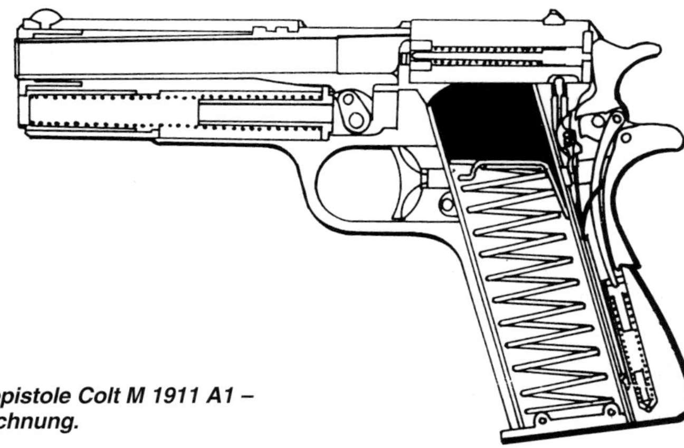

Selbstladepistole Colt M 1911 A1 – Schnittzeichnung.

gespannt werden muß (Hahnspanner), gespannt zu führen – womöglich ungesichert – und sich auf die äußere automatische Sicherung zu verlassen. Da die Pistole nicht mit einer automatischen Schlagbolzensperre ausgestattet ist, ist sie keineswegs fallsicher.

Aufgrund der im I. Weltkrieg gemachten Erfahrungen wurde die Waffe weiterentwickelt und verbessert. Mit einem schmaleren Abzug als bei der Erstversion, einem gewölbten Schlagfedergehäuse, einer weiter aus dem Griffstück herausragenden Griffsicherung, einem verkürzten Schlaghebelsporn (Hahnsporn) und Abschrägungen am Griffstück in Höhe des Abzugs erhielt sie ab 1926 die Bezeichnung *M 1911 A1*.

Die Colt M 1911 A1 im Kaliber .45 ACP war von 1911 bis 1985 Ordonnanzpistole der amerikanischen Streitkräfte.

Technische Daten:
Kaliber: .45 ACP (11,43 mm X 23)
Funktion: Rückstoßlader mit kurz zurückgleitendem Lauf, Schwenklaufverriegelung
Länge: 219 mm
Gewicht, ungeladen: 1130 g
Lauf: 127 mm, 6 Züge, Linksdrall
Magazin: Stangenmagazin für 7 Patronen
Mündungsgeschwindigkeit: 260 Meter pro Sekunde

COLT 2000 USA

Hersteller: Colt Manufacturing Co. Inc., Hartford, Connecticut

Diese Selbstladepistole wird zwar bei Colt gefertigt und von Colt vertrieben, sie wurde sie jedoch in Eigeninitiative von den Konstrukteuren C. Reed Knight und Eugene Stoner entwickelt. Colt übernahm ab 1991 die Serienfertigung. Anstelle des von Browning entwickelten Verschlußsystems mit Schwenklaufverriegelung arbeitet die Waffe mit Drehlaufverriegelung.
Der Verschluß besteht aus Stahl, das Griffstück aus Polymer. Nahe des Laufmundstücks sind Riegelwarzen angearbeitet, die in entsprechende Riegelnuten im Verschluß eingreifen. Bei der Schußabgabe gleiten Verschluß und Lauf zunächst gemeinsam nach hinten. Bei der Rücklaufbewegung wird der Lauf durch die Schraubenleiste, die im Steuerblock des Griffstücks geführt wird, um 30 Grad gedreht: Die Riegelwarzen treten aus den Riegelnuten aus und lösen damit die Verriegelung von Verschluß und Lauf. Die Schraubenleiste bleibt mit der Schraubennut im Steuerblock verbunden, wobei die Endposition durch einen Anschlag bestimmt wird. Der Vorteil dieser Konstruktion besteht darin, daß der Steuerblock einen erheblichen Teil des Rückdruckimpulses aufnimmt und über eine größere Fläche als sonst üblich auf das Griffstück überträgt, was den Rückstoß mildert.
Die Waffe ist mit einem Schlagbolzenschloß ausgestattet, das im hinteren Teil des Verschlußblocks angeordnet ist. Bei Betätigung des Nur-Spannabzugs (*Double Action only*) wird der Schlagbolzen über die Abzugstange gespannt und selbsttätig ausgelöst, wobei der Schloßgang durch die Verwendung von Gleitrollen extrem weich ist. Bei diesem System konnte auf eine manuelle Sicherung verzichtet werden. Die Selbstladepistole läßt sich in ähnlicher Weise handhaben wie ein Revolver mit Spannabzug.

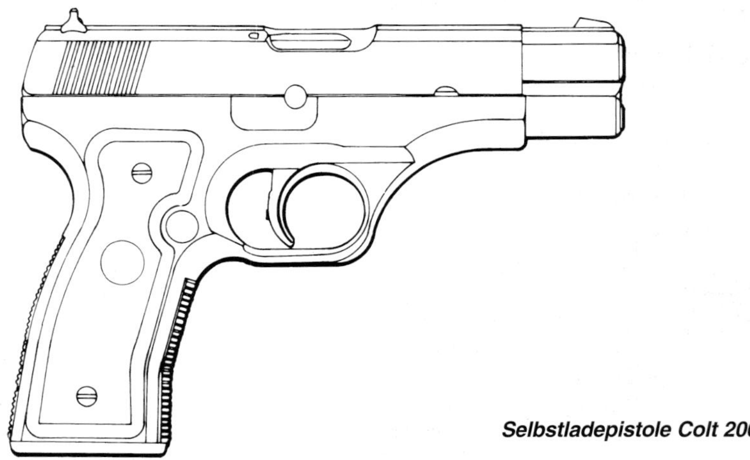

Selbstladepistole Colt 2000.

Technische Daten:
Kaliber: 9 mm X 19 (9 mm Parabellum)
Funktion: Rückstoßlader mit kurz zurückgleitendem Lauf, Drehlaufverschluß
Länge: 190 mm
Gewicht, ungeladen: 822 g
Lauf: 114 mm, 6 Züge, Rechtsdrall
Magazin: Stangenmagazin für 15 Patronen
Mündungsgeschwindigkeit: 350 Meter pro Sekunde

Selbstladepistole Colt 2000 mit der seitlichen Aufschrift: COLT ALL AMERICAN *= Colt durch und durch amerikanisch.*

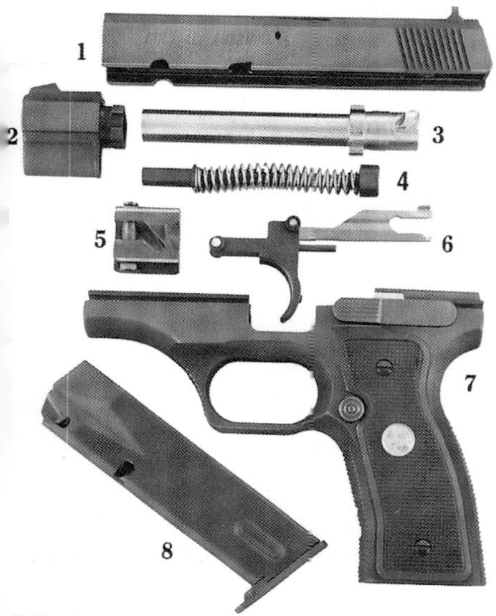

Die in ihre Hauptteile zerlegte Colt 2000. Zu erkennen sind die Riegelwarzen und die Schraubenleiste am Lauf sowie links neben dem Abzug der Steuerblock.

Hersteller: Sturm, Ruger & Co., Southport, Connecticut

Die 1949 gegründete Firma Sturm, Ruger & Co. brachte zunächst eine ausgezeichnete Selbstladepistole im Kaliber .22 l.f.B. auf den Markt. Als eine Welle von Schnellzieh-Wettbewerben die USA überschwemmte und die Firma Colt eine Neuauflage ihres Revolver-Klassikers *Single Action Army* versäumte, begann Ruger mit der Fertigung von Hahnspann- und danach von modernen Spannabzugsrevolvern für Polizei und Sicherheitskräfte. Später kamen Gewehre und Flinten hinzu. Anfangs der 80er Jahre wurde schließlich die Selbstladepistole *P 85* entwickelt – zweifellos aufgrund der Forderung der US-Streitkräfte nach einer neuen Ordonnanzpistole. Unglücklicherweise – für Ruger – stand sie noch nicht bei den Armee-Versuchen zur Verfügung, sie wurde jedoch von verschiedenen US-Polizeien geordert.
Salopp ausgedrückt, handelt es sich bei der *P 85* um eine Spannabzugspistole mit beidseitig angeordneten Bedienelementen, so daß sie sowohl von Rechts- als auch von Linkshändern problemlos gehandhabt werden kann. Das Griffstück besteht aus einer Leichtmetall-Legierung, die übrigen Teile aus hochwertigem Stahl, wobei zur Fertigung hauptsächlich Feingußteile verwendet werden. Die Firma mit Hauptsitz im Neuengland-Staat Connecticut baute eigens zur Fertigung der *P 85* eine mit modernsten computergesteuerten Maschinen ausgestattete Produktionsstätte in Arizona.
Die im Verschluß angeordnete manuelle Sicherung wirkt sowohl auf den Schlaghebel als auch auf den Schlagbolzen. Wird die Waffe gesichert, wird der Schlagbolzen gesperrt und der Schlaghebel entspannt. Der Abzugsbügel ist so ausgelegt, daß der Abzug auch mit Handschuhen betätigt werden kann.
Die Verriegelung der Waffe basiert auf dem bewährten Browning-System, wobei der Lauf nach unten abgeschwenkt und dadurch die Verriegelung von Lauf und Verschluß aufgehoben wird. Die Verriegelung erfolgt jedoch nicht über Riegelwarzen am Lauf und entsprechende Nuten im Verschluß: der Verriegelungsansatz in

Ruger P 85, zerlegt in die Hauptteile.

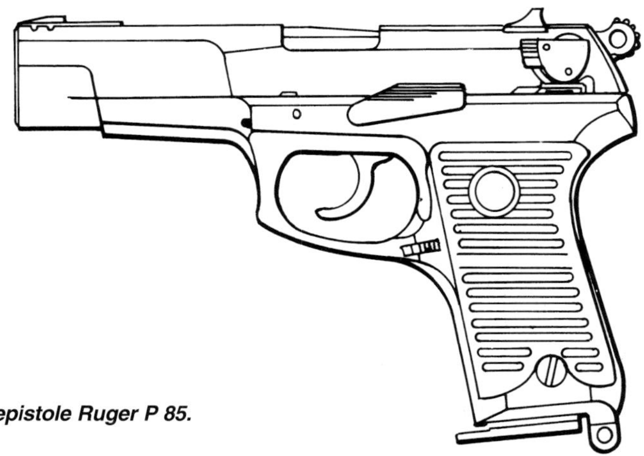

Selbstladepistole Ruger P 85.

Höhe des Patronenlagers greift in das entsprechend ausgelegte Auswurffenster ein. Dieses System gewährt eine sichere Verriegelung von Lauf und Verschluß und ist wesentlich unkomplizierter in der Fertigung als die herkömmliche Verriegelung durch Warzen und Nuten.

Für den Kundenkreis, der eine Waffe mit Hahnspann-Abzugssystem bevorzugt, wurde Ende 1989 eine Version der *P 85* ohne Spannabzug auf den Markt gebracht. In der Folge wurde auch eine Variante mit einem Entspannhebel entwickelt. Für Freunde des Kalibers .45 ACP (11,43 mm X 23) bietet Ruger seit 1990 ein Modell *KP 90 DAC* an. Seit 1991 ist eine zum Verschießen der Patrone 10 mm Auto eingerichtete Version mit der Bezeichnung *KP 91 DAC* lieferbar.

Selbstladepistole Ruger P 85, Verschluß und Bedienelemente aus rostträgem Stahl.

Technische Daten:
Kaliber: 9 mm X 19 (9 mm Parabellum)
Funktion: Rückstoßlader mit kurz zurückgleitendem Lauf, Schwenklaufverriegelung
Länge: 200 mm
Gewicht: 910 g
Lauf: 114 mm
Magazin: Stangenmagazin für 15 Patronen
Mündungsgeschwindigkeit: 354 Meter pro Sekunde

SMITH & WESSON MODELL 29 USA

Hersteller: Smith & Wesson, Springfield, Massachusetts
(Modell-Variante: Modell 629, 29 Classic, 629 Classic, Classic Hunter)

Um das Jahr 1850 lernten sich Horace Smith und Daniel Wesson kennen. Als 1857 Samuel Colts Revolver-Patentrechte ausliefen, begannen sie mit der Serienfertigung des ersten Hinterlader-Revolvers, der zum Verschießen von Patronen mit Metallhülsen eingerichtet war. Seit dieser Zeit, so wird seitens der Firma geäußert, war der Blick stets in die Zukunft gerichtet. Die Revolver von Smith & Wesson haben sich stets durch sorgfältige Verarbeitung ausgezeichnet und sie sind bekannt für ihre gute Abzugscharakteristik und den weichen Schloßgang. Was den Vergleich mit Colt-Revolvern anbelangt, so kann objektiv gesagt werden, daß beide Fabrikate einander bezüglich der Mechanik in nichts nachstehen und es lediglich eine Frage des persönlichen Geschmacks ist, welchem der Vorzug gegeben wird.

Das *Modell 29* galt einige Zeit als der einzige Revolver, der zum Verschießen der stärksten kommerziell gefertigten Revolverpatrone eingerichtet war. Bis zu einem gewissen Grad trugen hierzu auch die `Dirty-Harry'-Filme mit Clint Eastwood bei. Der Revolver *M 29* ist eine große und schwere Waffe und das ist auch gut so, denn die .44 Magnum-Patrone setzt ein 15,5 Gramm schweres Geschoß mit einer Anfangsgeschwindigkeit von bis zu 450 Metern pro Sekunde in Bewegung, was einer Mündungsenergie von 1400 Joule entspricht (freilich gibt es auch noch andere Serien-Laborierungen). Der Rückstoß, den eine solche Laborierung erzeugt, ist trotz des hohen Waffengewichts erheblich. Diese Tatsache führte wohl auch zur Entwicklung der Patrone .41 Magnum (10,4 mm X 33) und dem zum Verschießen dieser Patrone eingerichteten S & W-Revolver *Modell 57*. Das *Modell 29* ist auf einem großen, als `N-Rahmen' bezeichneten Rahmen aufgebaut. Als polizeiliche Waffe findet dieser schwere Revolver u.a. bei Dienststellen Verwendung, die sich mit Rauschgift-Angelegenheiten befassen. Die Stopp-Wirkung der 44er Patrone bewährte sich bei Einsätzen gegen Straftäter, die unter Drogeneinfluß standen.

Aufbau und Funktion des *M 29* entsprechen den sonstigen S & W-Modellen mit mittleren und großen Rahmen: Die – gegen den Uhrzeigersinn drehende – Trommel ist mittels eines Krans schwenkbar im Rahmen gelagert. Der Kran besteht aus einer Brücke, die sowohl die Trommelwelle als auch die Kranwelle trägt. Trommelwelle und Kranwelle laufen parallel zum Lauf. Ein sternförmigen Ausstoßer entfernt Hülsen oder Patronen aus den Trommelbohrungen (durch Betätigen der Ausstoßerstange). Bei eingeschwenkter Trommel ruht der hintere Teil der Ausstoßerstange in einer Bohrung im Stoßboden, der vordere Teil wird von einem Druckbolzen festgelegt. Sowohl der Abzug als auch der Hahnsporn des *M 29* sind mit einer scharfkantigen Riffelung versehen, um einem Abrutschen der Finger vorzubeugen. Das in die

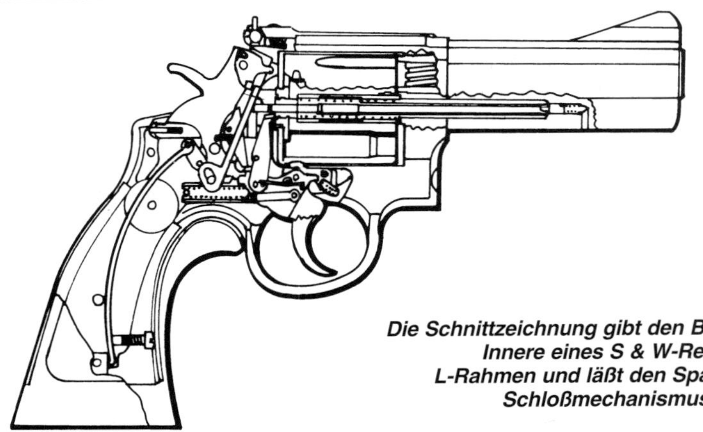

Die Schnittzeichnung gibt den Blick frei ins Innere eines S & W-Revolvers mit L-Rahmen und läßt den Spannabzugs-Schloßmechanismus erkennen.

Rahmenbrücke eingelassene Visier ist nach Höhe und Seite verstellbar und die groß ausgelegten Holzgriffschalen sollen die Handlage der Waffe verbessern helfen und Verletzungen verhindern. Das *Modell 29* ist in vier verschiedenen Lauflängen lieferbar: 4 Zoll (ca. 105 mm), 6 Zoll (ca. 152 mm), $8^{3}/_{8}$ Zoll (ca. 213 mm) und $10^{5}/_{8}$ Zoll (ca. 260 mm). Die Waffe ist in brünierter und in vernickelter Ausführung lieferbar. Die Variante mit der Bezeichnung *Modell 629* ist völlig baugleich, sämtliche Teile sind jedoch aus rostträgem Stahl und die Oberflächen matt sandgestrahlt. Der *Classic Hunter* besitzt eine ungeflutete Trommel; die Ausstoßergehäuse der Modelle *29 Classic* und *629 Classic* (= *stainless*-Ausführung) reichen bis zur Mündung.

Smith & Wesson Modell 629 mit einer Lauflänge von 4 Zoll (ca. 105 mm).

Technische Daten (Lauflänge 213 mm):
Kaliber: .44 Magnum (10,9 mm X 33)
Funktion: Abzugsspanner (Double Action)
Länge: 353 mm
Gewicht: 1460 g
Lauf: 213 mm (8 3/8"), 6 Züge, Rechtsdrall
Magazin: Trommel mit 6 Kammern
Mündungsgeschwindigkeit: 450 Meter pro Sekunde

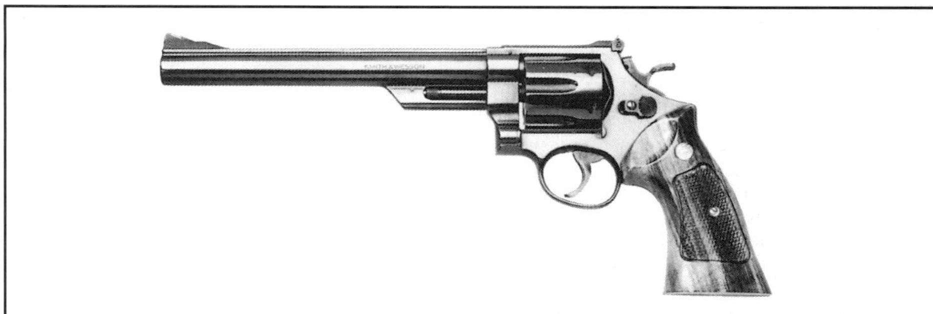

S & W Modell 29 mit 8 3/8 Zoll (ca. 213 mm) Lauflänge.

SMITH & WESSON MODELL 5900 — USA

Hersteller: Smith & Wesson, Springfield, Massachusetts

Mit Ausnahme einer kleinen Taschenpistole, die in den 20er Jahren entwickelt worden war, hatte sich die Firma Smith & Wesson kaum mit der Konstruktion von Selbstladepistolen befaßt, bis sie zu Beginn der 50er Jahre das *Modell 39* auf den Markt brachte. Dabei handelte es sich um eine Selbstladepistole mit Browning-Schwenklaufverriegelung, die zunächst mit *Single-Action,* später auch mit einem Spannabzugssystem gefertigt wurde, und mit einer manuellen, im Verschluß angeordneten Sicherung ausgestattet war. Zur Herstellung des Griffstücks wurde eine Leichtmetall-Legierung verwendet. Im Laufe der Jahre wurde diese Konstruktion nach und nach verbessert und in größeren Stückzahlen von den Sondereinheiten des amerikanischen Heeres und der Marine beschafft. 1988 stellte S & W eine neue Pistolen-Modellreihe vor – die sogenannte *Dritte Generation.* Sie entstand in Zusammenarbeit mit Fachleuten des Militärs und der Polizei. Die Waffen dieser Modellreihe weisen eine Reihe von Verbesserungen auf. So ist beispielsweise a) die Laufhaltebuchse fest in den Verschluß integriert, wodurch die Trefferleistung gesteigert werden konnte; b) die Abzugscharakteristik wurde erheblich verbessert; c) die Visiereinrichtung wurde mit Leuchtpunkten versehen, die ein Zielen auch unter ungünstigen Lichtverhältnissen gestatten; d) der Magazinschacht wurde trichterförmig aufgeweitet, um einen schnelleren und einfacheren Magazinwechsel zu ermöglichen; und e) die Sicherungseinrichtungen wurden verbessert.

Diese Modellreihe umfaßt Selbstladepistolen in drei Größen. Das Grundmodell der größten Version im Kaliber 9 mm Parabellum trägt die Bezeichnung *Modell 5900.* Das Grundmodell einer etwas kleineren Variante trägt die Bezeichnung *3900* und das Grundmodell einer Reihe kompakter Versionen die Bezeichnung *6900.* Das Modell *5900* ist in drei Ausführungen lieferbar: Modell *5903* mit Leichtmetall-Griffstück und Verschluß aus Stahl, Modell *5904* mit Leichtmetallgriffstück und Verschluß aus Karbon-Stahl, sowie die Edelstahl-Ausführung Modell *5906.*

Die beidseitig angeordnete manuelle Sicherung wirkt auf das Spannabzugssystem. Eine automatische Schlagbolzensperre legt den Schlagbolzen fest und erlaubt ein gefahrloses Entspannen des Schlaghebels bei fertiggeladener Waffe. Erst bei gewollter Betätigung des Abzugs wird die unter Federdruck stehende Sperre angehoben und gibt den Schlagbolzen frei – unmittelbar vor der Schußabgabe, wenn kein Magazin in die Waffe eingesetzt ist.

Das Modell *4506* im Kaliber .45 ACP (11,43 mm X 23) ist nur in der Edelstahlausführung lieferbar. Die Abmessungen sind – kaliberbedingt – etwas größer als die der 9-Para-Pistolen.

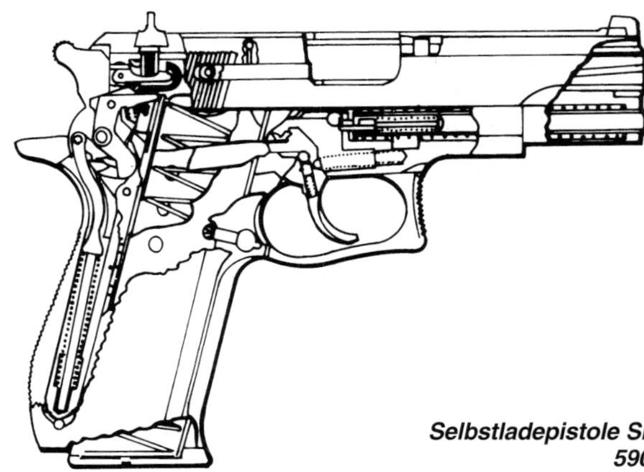

Selbstladepistole Smith & Wesson Modell 5900 – Schnittzeichnung.

Technische Daten:
Kaliber: 9 mm X 19 (9 mm Parabellum)
Funktion: Rückstoßlader mit kurz zurückgleitendem Lauf, Schwenklaufverriegelung
Länge: 191 mm
Gewicht: 737 g (Modell 5904)
Lauf: 102 mm, 6 Züge, Rechtsdrall
Magazin: Stangenmagazin für 14 Patronen
Mündungsgeschwindigkeit: 350 Meter pro Sekunde

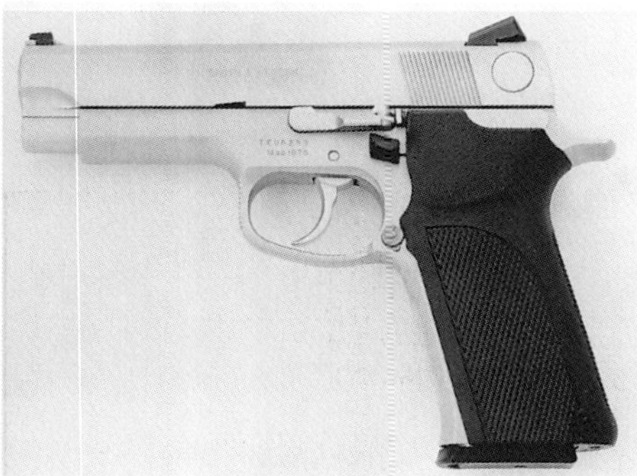

Das Modell 1076 im Kaliber 10 mm Auto wurde speziell für das FBI entwickelt.

Selbstladepistole Modell 5904.

Hersteller: Fabrique Nationale d`Armes de Guerre, Herstal

Die staatliche belgische Kriegswaffenfabrik in Herstal begann bereits Mitte der 30er Jahre mit der Entwicklung eines Schnellfeuergewehrs. 1949 brachte sie das Modell *SAFN* auf den Markt, das Streitkräfte mehrerer Staaten einführten. Die Belgier erkannten jedoch die Marktchance, durch moderne Fertigungsverfahren und eine Abkehr vom überkommenen hölzernen Ganzschaft ein neues Modell zu einem wettbewerbsfähigen Preis zu produzieren. Als die NATO-Staaten zu Beginn der 50er Jahre über ein künftiges Standard-Kaliber disputierten, setzte FN darauf, daß sich die USA mit ihrem Vorschlag zur Einführung der Patrone 7,62 mm X 51 durchsetzen würden. Die Belgier legten das neue Gewehr von vorneherein für diese Patrone aus. Und als sich die NATO-Staaten auf deren Einführung geeinigt hatten und sich für ein entsprechendes Sturmgewehr zu interessieren begannen, konnte FN bereits das *FAL (Fusil Automatique Légère* – Leichtes Schnellfeuergewehr) vorlegen. Seit 1953 bei FN die ersten Interessenten vorstellig wurden, führten die Streitkräfte von über 70 Staaten das *FAL* ein; mehrere Länder fertigten es in Lizenz.

Das *FAL* ist ein Gasdrucklader mit einem starr verriegelten Kippblock-Verschluß, wie er bereits im Vorläufermodell SAFN 49 Verwendung gefunden hatte. Entriegelung und Verriegelung des Verschlußblocks (im Gleitstück) werden über entsprechende Kurven gesteuert. Bei der Schußabgabe werden Pulvergase über eine Gasentnahmebohrung in einen Zylinder über dem Lauf geleitet. Dort wirken sie auf einen Gaskolben, der gegen die Stirnfläche des Verschlußträgers drückt. Dieser bewegt sich zunächst etwa 9 bis 10 mm alleine zurück – bis das Geschoß die Mündung verlassen hat und der Gasdruck im Lauf abgesunken ist. Beim weiteren Rücklauf wird der hintere Teil des Verschlußblocks über die Aushebeansätze im Gleitstück aus seinem Stützlager herausgehoben – die starre Verriegelung wird aufgehoben. Verschlußträger und Verschlußblock laufen gemeinsam zurück, wobei die Patronenhülse ausgeworfen und der Schlaghebel gespannt wird. Die Schließfeder wirft Verschlußträger und Verschlußblock wieder nach vorne, die nächste Patrone wird zugeführt. Die Verriegelungskurve im Gleitstück zwingt den Verschlußblock zu einer Abwärtsbewegung. Dabei legt sich der Stützansatz des Verschlußblocks vor den Stützriegel im Gehäuse. Die Verriegelungsfläche im Gleitstück legt sich über den Verschlußblock und verriegelt so den Verschluß.

Ursprünglich war das *FAL* zur wahlweisen Abgabe von Einzel- und Dauerfeuer eingerichtet.

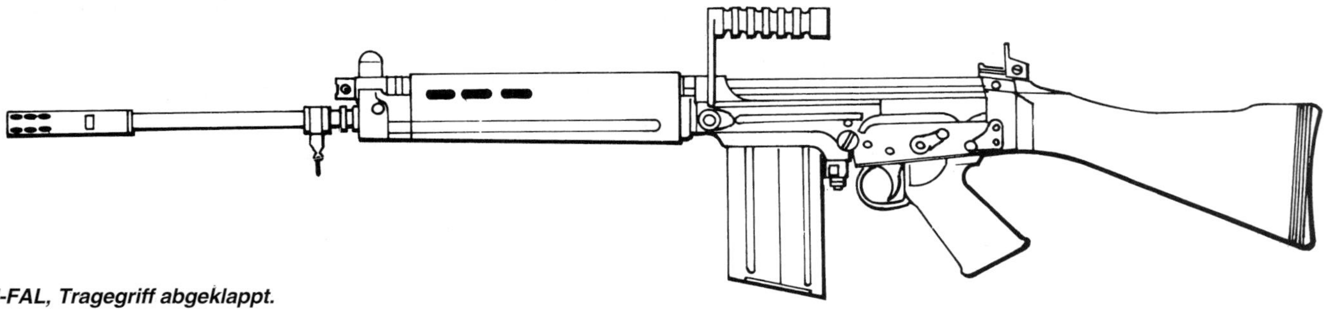

FN-FAL, Tragegriff abgeklappt.

Aufgrund ihres verhältnismäßig geringen Gewichts ließ sich die Waffe im Dauerfeuer nur schwer beherrschen. Die meisten Abnehmer entschieden sich deshalb für halbautomatische Ausführungen.
Die Standardausführung erhielt eine feste Schulterstütze aus Holz oder Kunststoff. Eine Version mit kürzerem Lauf wurde mit einer umlegbaren Schulterstütze aus Metall geliefert, mit der auch die langläufige Version versehen werden konnte. Das *FAL* wurde mit verschiedenartigen Mündungsfeuerdämpfern ausgestattet; einige sind zum Verschießen von Gewehrgranaten ausgelegt. FN baute das *FAL* – innerhalb gewisser Grenzen – ohnehin in zahlreichen, auf die Bedürnisse des jeweiligen Abnehmers gewünschten Ausführungen.

Technische Daten:
Kaliber: 7,62 mm X 51 (.308 Winchester)
Funktion: Gasdrucklader, halbautomatisch oder zur wahlweisen Abgabe von Einzel- und Dauerfeuer
Länge: 1053 mm
Gewicht: 4,31 kg
Lauf: 533 mm, 4 Züge, Rechtsdrall
Magazin: Stangenmagazin für 20 Patronen
Feuergeschwindigkeit: 650 Schuß pro Minute
Mündungsgeschwindigkeit: 853 Meter pro Sekunde

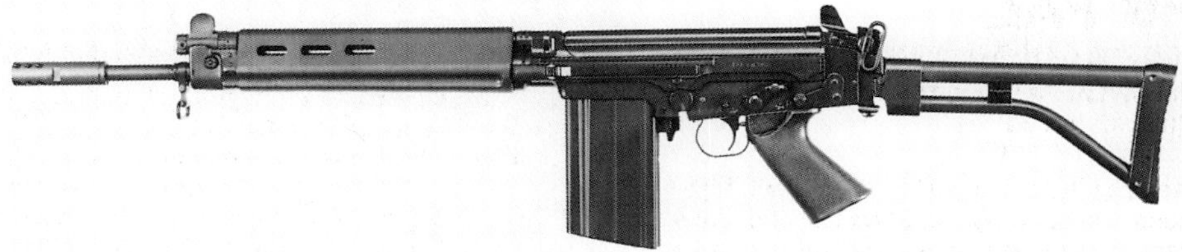

Kurzläufige Version des FAL mit umlegbarer Schulterstütze aus Metall.

FAL mit aufgesetztem Nachtzielgerät und Lauf in Standardlänge.

Hersteller: FN Herstal SA, Herstal

FN hatte mit seinem *FAL*-Sturmgewehr frühzeitig auf die Einführung der NATO-Standardpatrone 7,62 mm X 51 reagiert. Zu Beginn der 70er Jahre wollte das Unternehmen diesen Erfolg mit dem *CAL (Carabine Automatique Légère* – Schnellfeuer-Karabiner) im Kaliber 5,56 mm X 45 wiederholen. Es handelte sich im Grunde um eine verkleinerte Ausführung des *FAL*. Der Zeitpunkt war jedoch falsch gewählt, denn die Streitkräfte der meisten Staaten verfügten noch über erhebliche Bestände an Waffen im Kaliber 7,62 mm X 51. Sie zeigten sich nicht bereit, Gewehre in einem anderen, neuen Kaliber einzuführen. Das *CAL* konnte sich demzufolge nicht auf dem Markt durchsetzen. Darüberhinaus war dieses Gewehr zu teuer und wies Funktionsmängel auf. FN entwickelte deshalb ein völlig neues Schnellfeuergewehr im Kaliber 5,56 mm X 45, das die NATO 1977 im Rahmen eines Wettbewerbs erprobte. Auch diese Konstruktion erwies sich als noch nicht ausgereift und wurde zum Zweck der Weiterentwicklung zurückgezogen.

1982 stellte FN die völlig überarbeitete Waffe unter der Bezeichnung *FNC* vor. Der Gasdrucklader arbeitet anstelle des Kippblock-Verschlusses *(FAL)* oder des unterbrochenen Schraubverschlusses *(CAL)* mit einem einfachen Drehkopf-Verschluß mit zwei Verriegelungswarzen, der dem Verschluß des amerikanischen M-16-Sturmgewehrs ähnelt. Ein Gaskolben über dem Lauf (Gasdruckeinrichtung) wirkt auf den Verschlußträger, in dem der Verschluß geführt und über eine Kurve gesteuert wird. Beim Vorlauf zwingt die Steuerkurve im Verschlußträger den Verschlußkopf zu einer Drehbewegung – er verriegelt starr. Das Ventil der Gasdruckeinrichtung regelt den Gasdruck derart, daß sich nur der nötige Betriebsdruck aufbauen kann, während die überschüssigen Pulvergase ins Freie abgeleitet werden. Durch Schließen des Ventils läßt sich die Gasdruckeinrichtung außer Funktion setzen, wodurch das Verschießen von Gewehrgranaten ermöglicht wird.

Durch die Verwendung von Leichtmetall-Legierungen, Blechprägeteilen und Kunststoffen konnte das Gewicht des *FNC* niedrig gehalten werden. Der Abzugsmechanismus erlaubt die wahlweise Abgabe von Einzel- und Dauerfeuer, sowie über einen Schußzahlbegrenzer von 3-Schuß-Feuerstößen. Die Waffe wird geliefert wahlweise mit einem Lauf, der entweder auf das amerikanische M-193-Geschoß oder auf das innerhalb der NATO standardisierte belgische SS-109-Geschoß abgestimmt ist.

FN stellt sein *FNC* in zwei Grundausführungen her: a) als Gewehr-Version mit einer fest angebrachten Schulterstütze aus Kunststoff oder einer

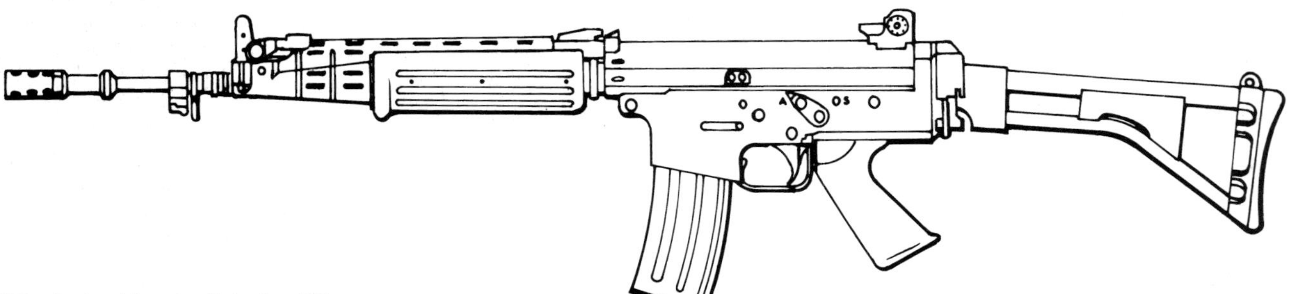

FN FNC mit abgeklappter Schulterstütze.

umlegbaren Skelett-Schulterstütze aus Metall; b) außerdem als Karabiner-Version mit einem 363-mm-Lauf und wahlweise fester oder umlegbarer Schulterstütze. Darüberhinaus bietet die Firma noch eine halbautomatische Ausführung – das sogenannte *Law Enforcement*-Modell – an. Das *FNC* wurde bei den Streitkräften Belgiens und in einer modifizierten Version als Ordonnanzgewehr beim schwedischen Heer eingeführt. Indonesien fertigt die Waffe in Lizenz.

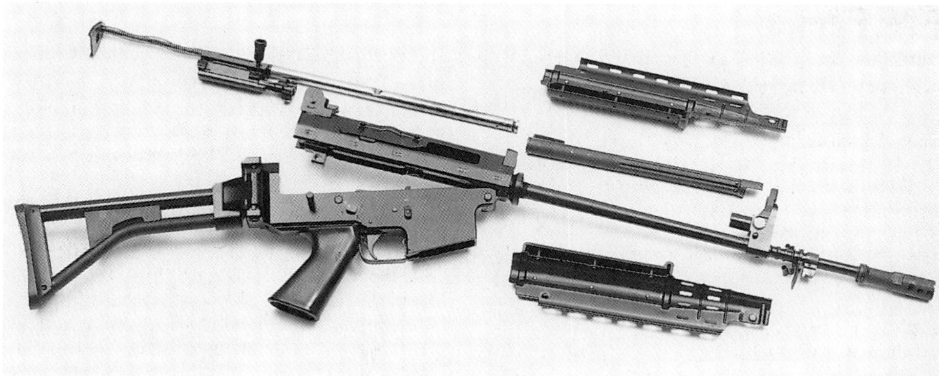

Das in seine Hauptbaugruppen zerlegte FNC veranschaulicht die unkomplizierte Konstruktion, die Wartung und Pflege vereinfacht.

Ein Infanterist demonstriert das Schießen mit dem FNC im Linksanschlag.

Technische Daten (Gewehr-Version):
Kaliber: 5,56 mm X 45 (.223 Remington)
Funktion: Gasdrucklader, wahlweise Einzel- und Dauerfeuer
Länge (mit abgeklappter Schulterstütze): 997 mm; (mit angeklappter Schulterstütze: 766 mm)
Gewicht: 3,80 kg
Lauf: 449 mm, 6 Züge, Rechtsdrall
Magazin: Stangenmagazin für 30 Patronen
Feuergeschwindigkeit: 600 bis 750 Schuß pro Minute
Mündungsgeschwindigkeit: 965 Meter pro Sekunde

Hersteller: Heckler & Koch GmbH, Oberndorf am Neckar

Die Mauserwerke hatten 1945 ein neuartiges Selbstladegewehr mit beweglich abgestütztem Rollenverschluß entwickelt. Der Krieg endete jedoch, bevor die Serienproduktion aufgenommen werden konnte. Einige Konstrukteure übersiedelten nach Spanien, wo das staatliche Büro *CETME (Centro de Estudios Tecnicos de Materiales Especiales)* die Arbeiten fortführte. CETME vergab die Lizenz zur Fertigung der Waffe an die niederländische Firma *NWM (Nederland Wapen & Munitie),* der es gelang, die in der Aufstellung begriffene Bundeswehr für diese Konstruktion zu interessieren. Da man dort von der Waffe nicht restlos überzeugt war, wurde die Firma Heckler & Koch mit weiteren Entwicklungsarbeiten beauftragt. Nachdem die Niederländer die Lizenzrechte abgetreten hatten, führte die Bundeswehr die perfektionierte Waffe als *Gewehr 3* ein. Inzwischen findet dieses Sturmgewehr bei den Streitkräften vieler europäischer und außereuropäischer Staaten Verwendung. Neben dem FN *FAL* war das *G 3,* das verschiedene Staaten in Lizenz fertigen, in der westlichen Hemisphäre bis in die 80er Jahre vermutlich das am häufigsten geführte Ordonnanzgewehr.

Die Verschlußbaugruppe des *G 3* besteht aus zwei Hauptteilen: dem Verschlußkopf und dem Verschlußträger. Zwei Stützrollen am Verschlußkopf werden über die Schrägflächen am Steuerstück im Verschlußträger nach außen in entsprechende Ausnehmungen im Kurvenstück des Laufes gedrückt. Sie stützen den Verschluß gegen die Rückstoßkräfte ab. Bei der Schußabgabe wirkt der Rückdruck auf die Stirnseite des Verschlußkopfes, wobei das Steuerstück zurückgedrückt wird. Erst dann können die Stützrollen aus dem Kurvenstück austreten. In Verbindung mit der Masseträgheit des Verschlußträgers, auf den zusätzlich die Kraft der Schließfeder wirkt, wird der Rücklauf des Verschlusses so lange verzögert, bis das Geschoß den Lauf verlassen hat und der Gasdruck im Lauf abgesunken ist. Der zurücklaufende Verschluß spannt den Schlaghebel und die Schließfeder. Die Patronenhülse

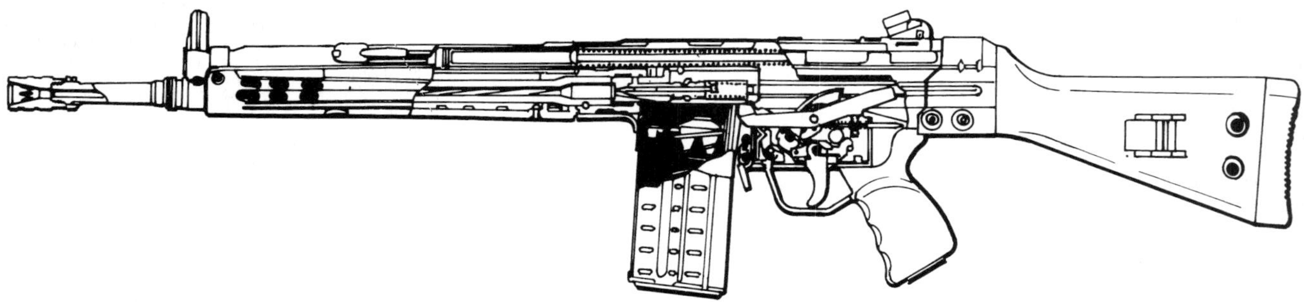

Gewehr G 3 – Schnittzeichnung.

wird ausgezogen und ausgeworfen. Nachdem der Verschluß gegen die Puffereinrichtung gelaufen und abgebremst worden ist, bringt ihn die Schließfeder wieder nach vorn, wobei eine Patrone aus dem Magazin zugeführt wird.
Das *G 3* weist einige innovative Merkmale auf. So wirkt das nach vorne über den Verschluß hinausragende Schließfederrohr, das im Durchladerohr gleitet, als Ausgleichsgewicht und dämpft den Rückstoß. Das Patronenlager erhielt zwölf Druckausgleichsrillen, um ein Gleiten der Hülse unter Gasdruck zu erleichtern.
Das 1959 bei der Bundeswehr eingeführte *G 3* war mit einem Vorder- und Hinterschaft aus Holz ausgestattet und verfügte über eine simple Visiereinrichtung, die sich lediglich auf zwei Entfernungen einstellen ließ. Zwischenzeitlich wurden mehrere geringfügig voneinander abweichende Modellvarianten entwickelt. So verfügt das *G 3 A1* über eine einschiebbare Schulterstütze; das *G 3 A2* erhielt ein Trommelvisier mit drei Diopterbohrungen und einem Grobvisier (V-Kimme), mit dem zwischenzeitlich sämtliche Ausführungen ausgestattet sind. Derzeit in Gebrauch sind das *G 3 A3* mit Vorder- und Hinterschaft aus Kunststoff, sowie das *G 3 A4* mit einer einschiebbaren Schulterstütze aus Metall. Auf die Ausführung *G 3 A3 ZF* ist werksseitig ein Zielfernrohr montiert; beim *G 3/SG 1* handelt es sich um ausgesuchte Exemplare des *G 3 A3* mit variabel vergrößerndem Zielfernrohr, Zweibein und fein einstellbarem Match-Abzug.

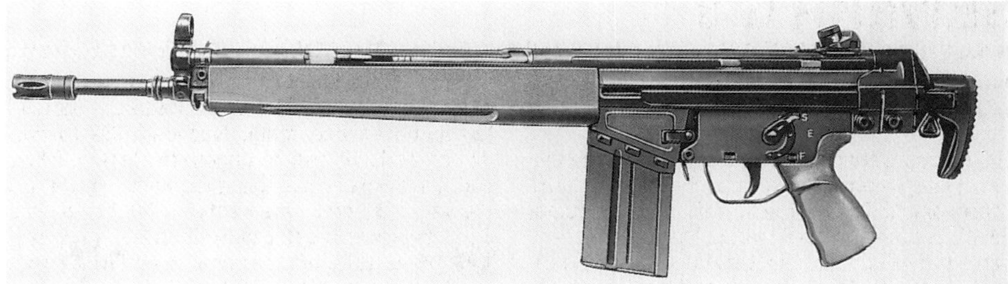

Zwei gebräuchliche Ausführungen des G 3: oben mit einschiebbarer Schulterstütze, unten mit abnehmbarem Zweibein und Schulterstütze aus Kunststoff.

Technische Daten (G 3 A3):
Kaliber: 7,62 mm X 51 (.308 Winchester)
Funktion: Rückstoßlader, beweglich abgestützter Rollenverschluß
Länge: 1025 mm
Gewicht: 4,40 kg
Lauf: 450 mm, 4 Züge, Rechtsdrall
Magazin: Stangenmagazin für 20 Patronen
Feuergeschwindigkeit: 500 bis 600 Schuß pro Minute
Mündungsgeschwindigkeit: 790 Meter pro Sekunde

GEWEHR HK 41

Hersteller: Heckler & Koch GmbH, Oberndorf am Neckar

Heckler & Koch knüpfte mit dem *HK 33* im Kaliber 5,56 mm X 45, das zu Beginn der 70er Jahre auf den Markt kam, an die Entwicklung des *G 3* an. Damit hatte sich das schwäbische Unternehmen wie die belgische Firma FN, deren *CAL* etwa im gleichen Zeitraum fertiggestellt war, weit vorgewagt. Denn die Streitkräfte der meisten größeren Staaten wollten erst die Erfahrungen der USA mit dieser Patrone abwarten, bevor sie sich festlegten. Der Export des *HK 33,* einer entsprechend verkleinerten Version des *G 3,* erwies sich jedoch als gutes Geschäft und zeigte, daß Heckler & Koch den richtigen Weg beschritten hatte. Ende der 70er Jahre wurden Waffen mit einem Begrenzer zur Abgabe von 3-Schuß-Feuerstößen immer populärer. Damals arbeitete Heckler & Koch bereits am *G 11,* das zum Verschießen hülsenloser Munition eingerichtet war. Zweifellos war man der Meinung, daß es trotzdem kein Fehler sein könne, eine neue Waffe im Kaliber 5,56 mm X 45 zu konstruieren, die über einen Schußzahlbegrenzer verfügte. Damit stand einerseits eine Waffe zur Verfügung, die sich auf dem Weltmarkt absetzen ließ. Andererseits konnte man auf diese Konstruktion zurückgreifen, um sie der Bundeswehr als Ordonnanzgewehr anzubieten, falls sich das *G 11* als Fehlschlag erweisen sollte. Gleichgültig, welche Überlegung letztendlich den Ausschlag gab, das *HK 41* wurde gefertigt. Wie sich zwischenzeitlich zeigte, handelt es sich um ein Gewehr, das größte Beachtung verdient.

Erneut fand das bewährte Grundsystem des *G 3* mit beweglich abgestütztem Rollenverschluß Verwendung, diesmal ausgelegt für die Patrone 5,56 mm X 45. Der Abzugsmechanismus wurde dahingehend geändert, daß der Feuerwahlhebel die Abgabe von Einzelschüssen, Feuerstößen oder Dauerfeuer ermöglicht. Der Lauf ist mit einer Drallänge von 178 mm auf das NATO-Standardgeschoß SS 109 abgestimmt. Er wird nicht mehr im klassischen spanabhebenden

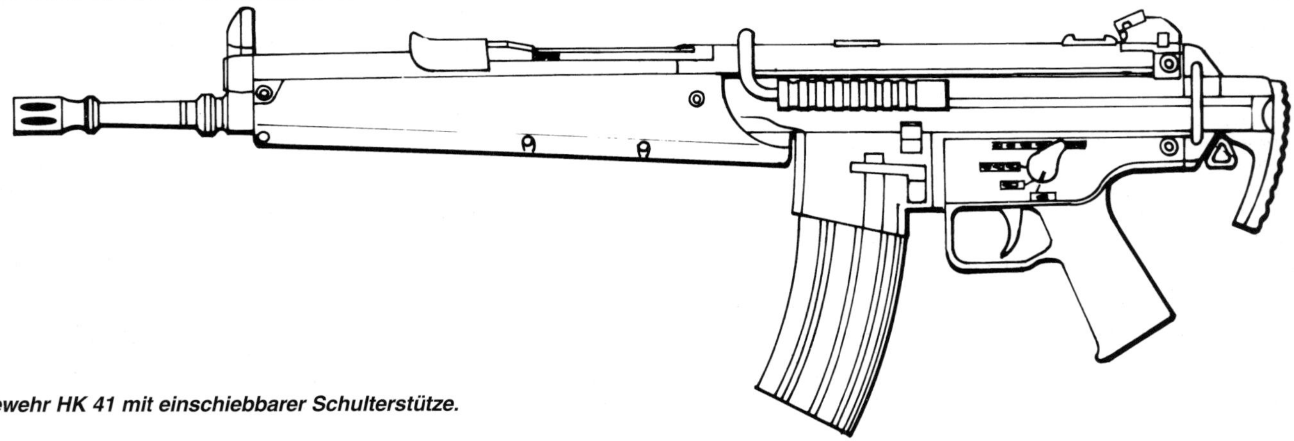

Gewehr HK 41 mit einschiebbarer Schulterstütze.

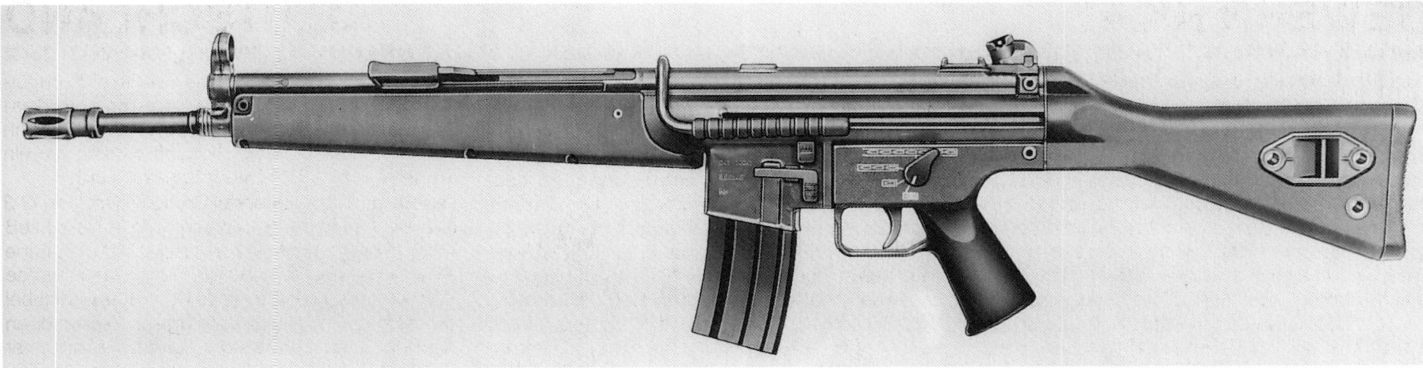

Das HK 41 mit fester Schulterstütze. Gut zu erkennen sind der Feuerwahlhebel, der gleichzeitig als Sicherungshebel dient, und die auf dem Griffstückgehäuse angebrachten Symbole für Einzelfeuer, 3-Schuß-Feuerstöße und Dauerfeuer.

Ziehverfahren gefertigt, sondern erhält durch Kalthämmern um einen Kaliberdorn ein kissenförmiges polygonales Innenprofil. Ein Polygonlauf weist keine scharfen Kanten auf, an denen sich Rückstände festsetzen können. Aufgrund der besseren Liderung des Geschosses und des damit einhergehenden geringeren Gasschlupfes bewirkt das Polygonprofil eine höhere Mündungsgeschwindigkeit und damit eine höhere Mündungsenergie. Darüber hinaus sind Lebensdauer und Korrosionsbeständigkeit von Polygonläufen höher als bei herkömmlich gefertigten Läufen, selbst wenn diese verchromt sind. In bezug auf die NATO-Standardisierung ging man sogar noch einen wesentlichen Schritt weiter. Das Magazingehäuse entspricht STANAG 4179 *(NATO Standardisation Agreement)*, wobei die Abmessungen des M-16-Magazins zugrunde liegen. Damit gestattet das *HK 41* die Verwendung sowohl von *M-16*- als auch anderer NATO-Standardmagazine, wie beispielsweise des britischen L 85. Eine Montagevorrichtung nach STANAG 2324 erlaubt die Montage sämtlicher standardisierter Zielfernrohre oder Nachtzielgeräte. Weiterhin wurde das *HK 41* mit einer Schließhilfe ausgestattet, mit deren Hilfe der Verschluß nahezu geräuschlos geschlossen werden kann. Weitere Verbesserungen sind ein Verschlußfangstück, das den Verschluß bei leergeschossenem Magazin in hinterster Stellung festlegt, ein Staubschutzdeckel am Hülsenauswurffenster sowie eine Vorrichtung zur Aufnahme eines Zweibeins.

Das *HK 41* kann wie das *G 3* sowohl mit einer festen als auch mit einer einschiebbaren Schulterstütze geliefert werden. Die Bundeswehr beschaffte bereits eine geringe Stückzahl der Waffe. Ursprünglich sollten nach Einführung des *G 11* als Ordonnanzgewehr die nicht zu den Kampftruppen gehörenden Verbände mit dem *HK 41* ausgerüstet werden. Nachdem es nicht zur Einführung des *G 11* kommt, scheint auch die Beschaffung des *HK 41* in größeren Stückzahlen fraglich.

Technische Daten:
Kaliber: 5,56 mm X 45 NATO (.223 Remington)
Funktion: Rückstoßlader, beweglich abgestützter Rollenverschluß, wahlweise Einzel-, Stoß-, oder Dauerfeuer
Länge: 997 mm (feste Schulterstütze); 806 mm (eingeschobene Schulterstütze)
Gewicht: 4,35 kg
Lauf: 450 mm, 4 Züge (Polygon), Rechtsdrall
Magazin: Stangenmagazin für 30 Patronen
Feuergeschwindigkeit: 850 Schuß pro Minute
Mündungsgeschwindigkeit: 935 Meter pro Sekunde
Hersteller: Heckler & Koch GmbH,

GEWEHR G 8 DEUTSCHLAND

Hersteller: Heckler & Koch GmbH, Oberndorf am Neckar

Basierend auf dem Funktionsprinzip und dem Verschlußsystem, das sich bereits beim *G 3* und bei anderen Waffen bewährt hatte, konstruierten Heckler & Koch-Ingenieure mehrere Maschinengewehre als Rückstoßlader mit feststehendem Lauf und beweglich abgestütztem Rollenverschluß in den Kalibern 7,62 mm X 51 und 5,56 mm X 45. Eines dieser MG, das *HK 11* im Kaliber 7,62 mm X 51, entwickelten sie zum *HK 11 E* weiter. Es zeichnete sich unter anderem dadurch aus, daß durch Auswechseln weniger Teile die Munitionszuführung entweder aus einem Magazin oder aus einem Gurt erfolgen konnte. Unter Berücksichtigung einiger Anregungen aus Polizeikreisen diente das *HK 11 E* als Grundlage bei der Entwicklung des *G 8,* eine der am vielseitigsten einzusetzenden Waffen der H & K-Palette. Mit dieser Universalwaffe sollten selbst kleinste Polizei-Einheiten auf jede erdenkliche Lage reagieren können, ohne ein umfangreiches Arsenal an spezifischen Waffen mitführen zu müssen. Es gelang, in einer Waffe sämtliche Waffentypen zu vereinigen, deren Einsatz in einer polizeitaktischen Lage erforderlich sein könnte.

Das Funktionsprinzip des Rückstoßladers mit feststehendem Lauf und der beweglich abgestützte Rollenverschluß wurden beibehalten. Die Abzugseinrichtung ermöglicht jedoch die Abgabe von Einzelfeuer, 3-Schuß-Feuerstößen sowie Dauerfeuer. Der schwere Präzisionslauf erlaubt den Einsatz des *G 8* als Scharfschützenwaffe. Aus diesem Grund verfügt das *G 8* über eine NATO-standardisierte Vorrichtung zur Schnellmontage eines Zielfernrohres oder eines elektronischen Zielgerätes.

Sollte die taktische Lage den Einsatz einer Waffe mit hoher Feuerkraft erforderlich machen, kann die Munitionszufuhr anstelle aus dem gebräuchlichen Stangenmagazin aus einem 50-Schuß-Trommelmagazin erfolgen. Eine zusätzliche Steigerung der Feuerkraft wird dadurch erreicht, daß das *G 8* durch rasches Auswechseln einiger Bauteile, darunter die Verschluß-Baugruppe, zu einem Leichten Maschinengewehr mit Gurtzuführung umgerüstet werden kann. Da die Verwendung als MG zwangsläufig eine starke Erhitzung des Laufes nach sich zieht, ist das *G 8* so ausgelegt, daß ein schneller Laufwechsel

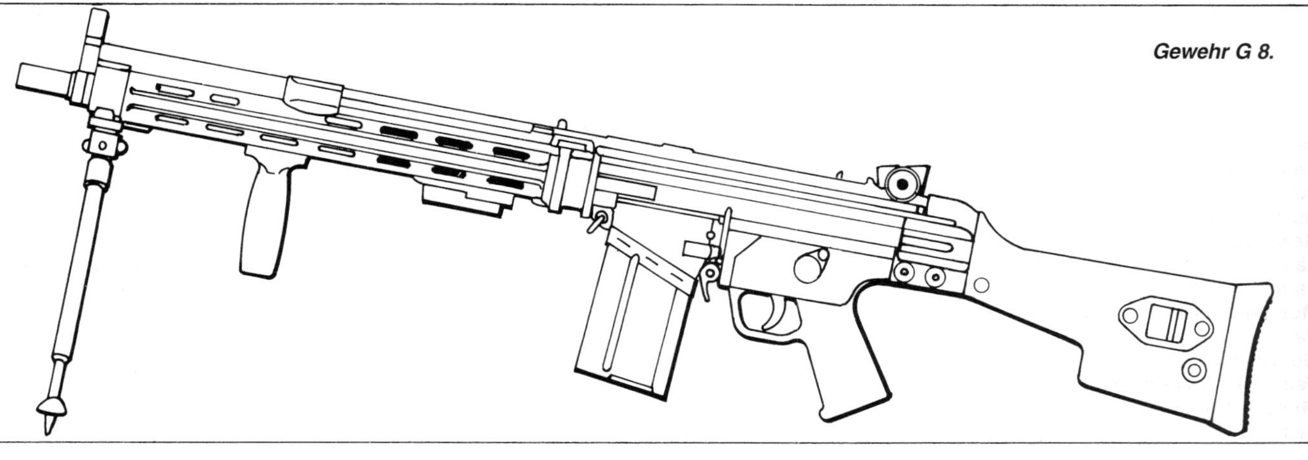

Gewehr G 8.

ohne spezielles Werkzeug möglich ist.
Für Polizeikräfte, die den Einsatz eines Maschinengewehres nicht für erforderlich erachten, wird das *G 8 A1* angeboten. Es ist nicht zur Abgabe von Dauerfeuer eingerichtet, gestattet aber dennoch einen raschen Laufwechsel und die Montage eines Zielfernrohres.
Zwischenzeitlich wurde das *G 8* außer beim Bundesgrenzschutz bei einigen Länderpolizeien und deren Sondereinheiten eingeführt.

Technische Daten:
Kaliber: 7,62 mm X 51 (.308 Winchester)
Funktion (G 8): Rückstoßlader, beweglich abgestützter Rollenverschluß
Gewicht: 8,15 kg (mit Zweibein)
Länge: 1030 mm
Lauf: 450 mm, 6 Züge, Rechtsdrall
Munitionszuführung: Stangenmagazin für 20 Patronen, Trommelmagazin für 50 Patronen, Gurtzuführung
Feuergeschwindigkeit: 800 Schuß pro Minute
Mündungsgeschwindigkeit: 835 Meter pro Sekunde

Der unkomplizierte Austausch einiger Baugruppen erlaubt einen vielseitigen Einsatz des G 8.

Hersteller: Heckler & Koch GmbH, Oberndorf am Neckar

Bereits 1969 plante die Bundeswehr die Einführung einer neuen Schützenwaffen-Generation in den 90er Jahren. Die wichtigste Forderung bestand in einer Erhöhung der Ersttreffer-Wahrscheinlichkeit. Damit sie erfüllt werden konnte, ließ man den Waffenkonstrukteuren völlig freie Hand. Nachdem drei Firmen entsprechende Baumuster vorgelegt hatten, fiel 1975 die Entscheidung, die Konstruktion der Firma Heckler & Koch weiter zu fördern. Nach reiflicher Überlegung war man bei Heckler & Koch zur Überzeugung gelangt, daß sich der gesamte Forderungskatalog nur erfüllen ließ, wenn gleichzeitig eine völlig neuartige Patrone verwendet wurde: Die Zauberformel hieß hülsenlose Munition in einem kleinen Kaliber. Einerseits ließ sich der Zuführweg der Patrone verkürzen und – da das Ausziehen und Auswerfen der Hülse entfällt – die Feuergeschwindigkeit steigern, andererseits ließ sich durch die verminderte Rückstoßenergie die Trefferwahrscheinlichkeit auf das geforderte Maß erhöhen. Als problematisch erwies sich allerdings die starke Erhitzung des Patronenlagers. Ein 1977 vorgelegtes Baumuster wurde verworfen, weil es zu Selbstentzündungen der hülsenlosen Munition kam. Zwischenzeitlich ist es nach Entwicklung neuartiger Treibmittel jedoch gelungen, hülsenlose Patronen zu fertigen, die sich nicht selbst entzünden.

Das *G 11* ist ein Gasdrucklader mit einem völlig neuartigen zylindrischen Drehverschluß, der sich im Uhrzeigersinn um eine horizontale Achse dreht

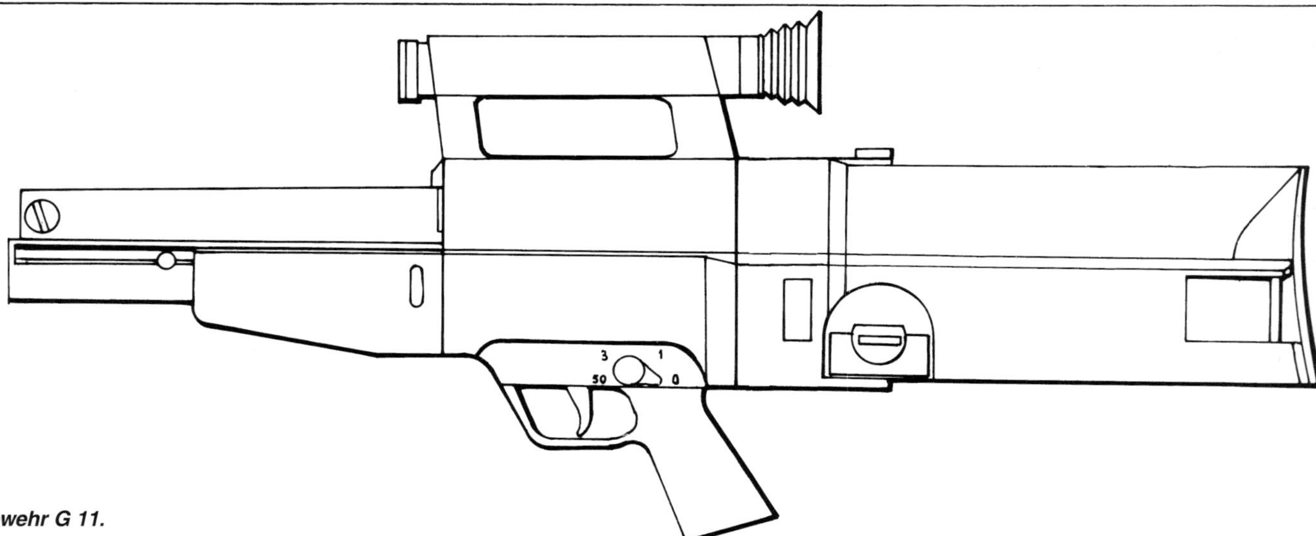

Gewehr G 11.

(senkrecht zur Laufachse). Der Verschluß dient gleichzeitig als Patronenlager und führt die hülsenlose Munition zu – aus einem 50-Schuß-Stangenmagazin über dem Lauf. Bei geladener Waffe zeigt die Achse des Patronenlagers im Drehverschluß in Laufrichtung. Nach dem Schuß dreht sich der Verschluß um 90 Grad und steht senkrecht. Danach wird eine neue Patrone mit der Geschoßspitze nach unten zugeführt, der Verschluß dreht sich erneut um 90 Grad und die Patrone wird gezündet. Bei der Schußabgabe gleitet der gesamte Mechanismus einschließlich des Magazins nach hinten. Ein kreisrundes Bedienelement auf der linken Gehäuseseite hinter dem Pistolengriff dient zum Spannen des Schlaghebels, wobei gleichzeitig eine Patrone zugeführt und der Verschluß so gedreht wird, daß das Patronenlager mit der Patrone in Laufrichtung zeigt. Über einen linksseitigen Feuerwahlhebel (über dem Pistolengriff), der gleichzeitig als Sicherungshebel dient, ist die Abgabe von Einzelfeuer, impulsgesteuerten 3-Schuß-Feuerstößen oder Dauerfeuer möglich. Bei der Abgabe von Stoßfeuer beträgt die theoretische Feuergeschwindigkeit 2000 Schuß pro Minute, bei Dauerfeuer 600 Schuß pro Minute. Die optische Visiereinrichtung ist im Tragegriff integriert. Das Absehen kann bei ungünstigen Lichtverhältnissen mittels einer batteriegespeisten Lichtquelle beleuchtet werden, die sich nach drei Minuten selbsttätig abschaltet.
Nach dem erfolgreichen Abschluß der Erprobungen war die Einführung des *G 11* für das Jahr 1992 vorgesehen. Die Änderung der weltpolitischen Lage und die überraschende Wiedervereinigung führten jedoch 1990 zu erheblichen Kürzungen im Rüstungsetat. Unter den Projekten, die dem Bonner Rotstift zum Opfer fielen, war auch das *G 11*. Wenige Exemplare wurden an Fernspäh-Einheiten ausgegeben; die Einführung als Ordonnanzgewehr wird jedoch unterbleiben.

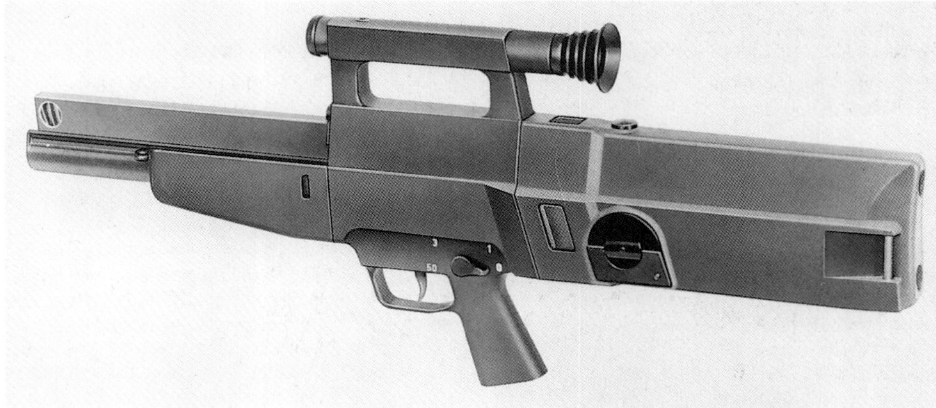

Die Aufnahme verdeutlicht die kompakte Bauweise des G 11. Sämtliche Baugruppen der Waffe, die insgesamt aus lediglich etwa 140 Einzelteilen besteht, sind in einem geschlossenen Kunststoffgehäuse untergebracht.

Technische Daten:
Kaliber: 4,7 mm X 33 DM 11 (hülsenlos)
Funktion: Gasdrucklader, wahlweise Einzel-, Stoß- oder Dauerfeuer
Länge: 752,50 mm
Gewicht: 3,80 kg
Lauf: 537,50 mm, Polygonprofil, Rechtsdrall
Magazin: Stangenmagazin für 50 Patronen
Feuergeschwindigkeit: 2000 Schuß pro Minute (Feuerstoß); 600 Schuß pro Minute (Dauerfeuer)
Mündungsgeschwindigkeit: 930 Meter pro Sekunde

MAUSER SP 66

Hersteller: Mauser-Werke Oberndorf GmbH, Oberndorf am Neckar

Mit dem Präzisionsgewehr *SP 66* reagierte Mauser Mitte der 70er Jahre auf polizeiliche Forderungen nach einer Hochleistungswaffe für den gezielten Einzelschuß. Als Basiswaffe diente das für den zivilen Markt gefertigte Präzisionsgewehr *SP 66 S Super Match*, das für den behördlichen Einsatz entsprechend abgeändert wurde. Beim *SP 66* findet der im Hause Mauser entwickelte Teleskopverschluß Verwendung: Die Auflageflächen der Verriegelungswarzen sind rund 30 Prozent größer als beim System 98, dem wohl berühmtesten Kind der Waffenschmiede. Der gekröpfte 66er-Kammerstengel sitzt unmittelbar hinter den Verriegelungswarzen am Verschlußzylinder. Zwar muß der Verschluß beim Repetiervorgang mindestens so weit zurückgezogen werden, daß eine Patrone aus dem Magazin ausgestoßen und zugeführt werden kann. Diese Anordnung des Kammerstengels ermöglicht jedoch, daß der Schütze lediglich eine kurze Repetierbewegung ausführen muß, was den Ladevorgang beschleunigt.
Mauser gelang es, das System im Vergleich zu einem herkömmlichen Drehzylinderverschluß um rund 90 mm zu verkürzen. Die Konstrukteure verzichteten jedoch darauf, lediglich eine kompaktere Waffe zu bauen, sondern nutzten die Möglichkeit, einen entsprechend längeren Lauf zu verwenden. Diesen versahen sie mit einer sehr wirkungsvollen Kombination aus Mündungsbremse und Mündungsfeuerdämpfer, die speziell entwickelt wurde, um eine Blendung des Schützen durch starkes Mündungsfeuer bei Verwendung eines Zielfernrohres oder eines Nachtsichtgerätes zu unterbinden.
Der ergonomisch geformte Lochschaft ist mit einer Springbacke und einer verstellbaren Schaftkappe ausgestattet. Pistolengriff und Vorderschaft sind teilweise punziert, um die Oberfläche griffiger zu gestalten. Der vom Schaft umschlossene Systemkasten nimmt ein 3-Schuß-Magazin auf.
Eine offene Visierung war nicht vorgesehen; die Waffe erhielt eine Prismenschiene, welche die Montage eines elektronischen Nachtsichtgerätes oder des mitgelieferten Zeiss Zielfernrohres Diavari ZA mit 1,5- bis 6-facher Vergrößerung ermöglicht.

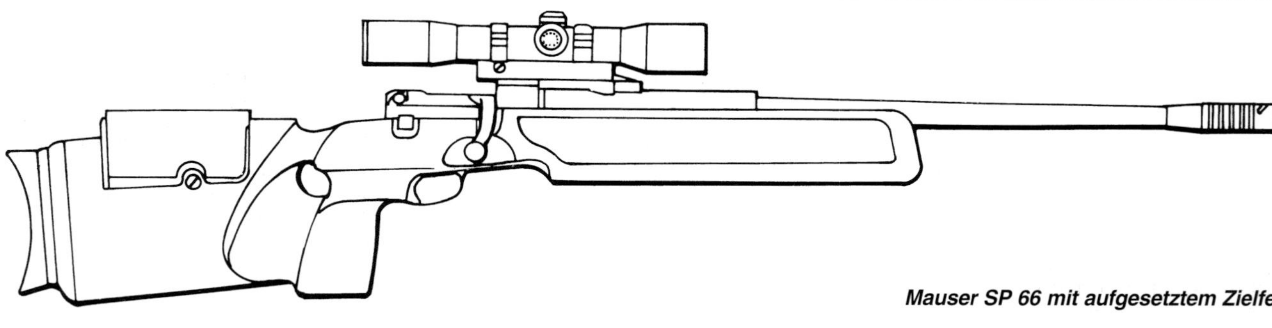

Mauser SP 66 mit aufgesetztem Zielfernrohr.

Technische Daten:
Kaliber: 7,62 mm X 51 (.308 Winchester)
Funktion: Repetierer, Drehzylinderverschluß
Länge: ca. 1200 mm
Gewicht (ungeladen): 6,12 kg bei aufgesetztem Diavari-Zielfernrohr
Lauf: 650 mm, 6 Züge, Rechtsdrall
Magazin: integriertes Kastenmagazin für 3 Patronen
Mündungsgeschwindigkeit: 880 Meter pro Sekunde

Linke und rechte Seitenansicht des SP 66 mit aufgesetztem Nachtzielgerät.

SAKO TRG 21 FINNLAND

Hersteller: Sako Ltd., Riihimäki

Das traditionsreiche finnische Unternehmen brachte 1989 diese Präzisionswaffe auf den Markt. Es verbindet die neuesten Erkenntnisse der Finnen auf dem Gebiet der Scharfschützenwaffen.

Der schwere Lauf aus rostfreiem Stahl ist mit einer Systemhülse verschraubt, die nicht – wie sonst üblich – aus dem vollen Material gefräst, sondern – ebenso wie der Lauf – im Kalthämmerverfahren gefertigt ist. Der hoch verdichtete Werkstoff ermöglicht bei niedrigstem Gewicht eine enorme Festigkeit. Mit der Hülse ist der Systemkasten und eine Laufbettung aus Aluminium verschraubt – sie gewährleistet eine hohe Baufestigkeit und das freie Schwingen des Laufes. Auf die Mündung ist ein kleiner, aber wirkungsvoller Mündungsfeuerdämpfer aufgeschraubt, der gegebenenfalls durch einen Schalldämpfer ersetzt werden kann.

Der konventionelle Drehzylinderverschluß mit drei Verriegelungswarzen an der Stirnseite wird durch den Kammerstengel, der in eine Aussparung in der Hülse eingreift, zusätzlich abgestützt. Zum Öffnen des Verschlusses ist eine Drehbewegung um die Längsachse von 60 Grad erforderlich.

Der Abzug bietet vielseitige Verstellmöglichkeiten; so kann das Abzugszüngel entsprechend der Hand des Schützen in Längsrichtung verschoben werden. Vorzug, Druckpunkt und Abzugswiderstand sind justierbar. Das ansteckbare Kastenmagazin aus Stahl wird völlig vom Schaft umschlossen. Die lautlos zu betätigende Sicherung liegt griffgünstig an der rechten Seite der Hülse. Ein im Verschluß gelagerter Signalstift verrät, ob die Waffe gespannt ist.

Der aus Polyurethan im Druckgußverfahren hergestellte Pistolengriffschaft umschließt den Systemkasten und die Laufbettung. Mit Hilfe von Distanzscheiben lassen sich die Schaftlänge und die Höhe der Schaftbacke variieren. An der Stirnseite des Vorderschaftes ist ein verstellbares Zweibein aus Stahl befestigt.

Das *TRG 21* wird ab Werk lediglich mit einer

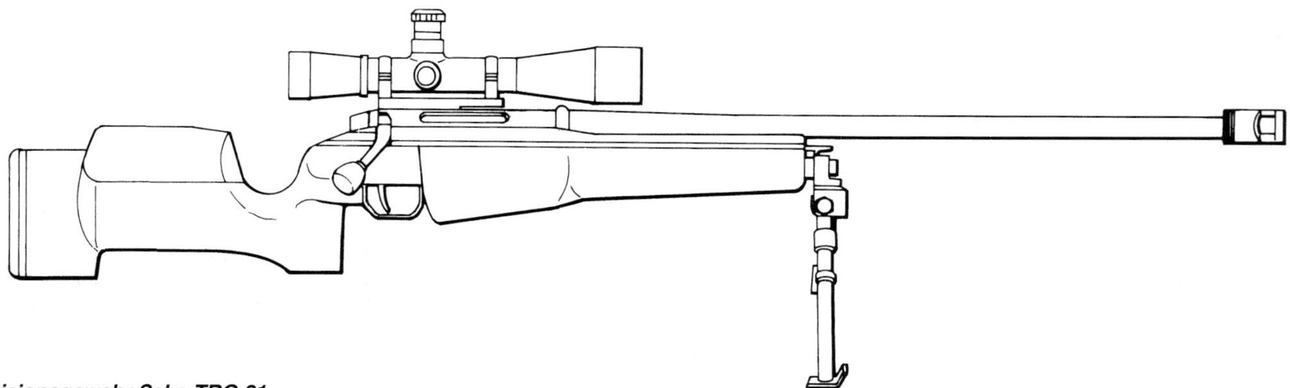

Präzisionsgewehr Sako TRG 21.

Sako bietet das TRG außer im Kaliber 7,62 mm X 51 – in Form des abgebildeten TRG 21 – auch als TRG 41 im Kaliber .338 Lapua Magnum an. Die rasante und überaus präzise Patrone eignet sich besonders für Einsatzbereiche jenseits der 300 Meter.

Behelfsvisiereinrichtung geliefert, die ausschließlich für den Notfall gedacht ist. Aus der Systemhülse ist eine 17-mm-Prismenschiene herausgearbeitet, damit ein Zielfernrohr oder eine elektronische Zieleinrichtung montiert werden kann.
Wie bei allen Präzisionswaffen ist auch die Leistung dieses Scharfschützengewehrs in hohem Maße von der verwendeten Munition abhängig. Die Firma empfiehlt deshalb die Verwendung einer speziell bei Sako gefertigten Laborierung der Patrone .308 Winchester (7,62 mm X 51).

Technische Daten:
Kaliber: 7,62 mm X 51 (.308 Winchester)
Funktion: Repetierer mit Drehzylinderverschluß
Länge: 1150 mm
Gewicht: 4,7 kg (ohne Zielfernrohr)
Lauf: 660 mm, 4 Züge, Rechtsdrall
Magazin: ansteckbares Kastenmagazin für 10 Patronen
Mündungsgeschwindigkeit: 840 Meter pro Sekunde

Hersteller: Manufacture d'Armes de St. Etienne

Mit dem *FA-MAS (Fusil Automatique, Manufacture d'Armes de Saint Etienne* – Schnellfeuergewehr, Waffenfabrik St. Etienne) führten die französischen Streitkräfte 1980 das neue Standardkaliber 5,56 mm X 45 in Europa ein. Seitdem wurde das *FA-MAS* an eine Reihe von Staaten geliefert, darunter ehemalige französische Kolonien wie Djibuti und Gabun, sowie an den Libanon und die Vereinigten Arabischen Emirate.

Das *FA-MAS,* das zu den kompakten sogenannten *Bullpup*-Konstruktionen (*bullpup* = Stierkalb) gehört, ist ein Rückstoßlader mit verzögertem Masseverschluß. Der zweiteilige Verschluß ist bei der Schußabgabe mit dem Gehäuse mechanisch nicht fest verbunden. Eine Stützklappe verbindet Verschlußträger und den darin gelagerten Verschluß miteinander. Sie verzögert den Rücklauf als Beschleunigungselement mechanisch so lange, bis das Geschoß den Lauf verlassen hat und der Gasdruck im Lauf abgefallen ist. Erst nach Aufhebung dieser mechanischen Verzögerung können Verschluß und Verschlußträger gemeinsam zurücklaufen, wobei die Hülse ausgezogen und das Schlagstück gespannt wird. Abzugseinrichtung und Schlagbolzen sind so ausgelegt, daß eine Schußabgabe bei nicht völlig geschlossenem Verschluß nicht möglich ist.

Diese Verschlußkonstruktion arbeitet zwar zufriedenstellend, ist aber technisch noch nicht völlig ausgereift. Häufig weisen Patronenhülsen Aufbauchungen auf, die erkennen lassen, daß die Verzögerung des Verschlusses nicht lange genug aufrecht erhalten wurde und der Rücklauf bereits

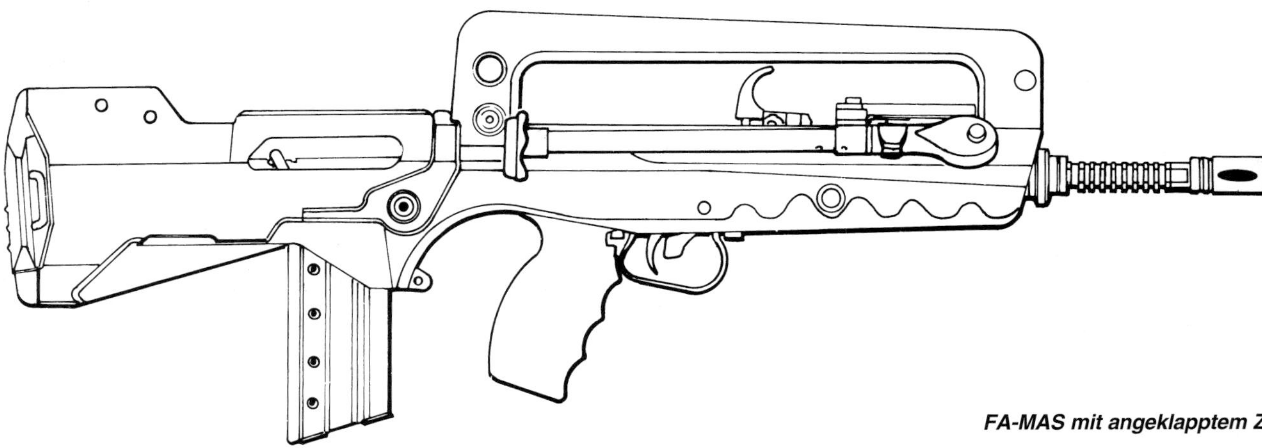

FA-MAS mit angeklapptem Zweibein.

einsetzte, als der Gasdruck im Lauf noch nicht unter ein sicheres Maß abgefallen war. Wie bei vielen automatischen Waffen mit unstarrer Verriegelung ist das Patronenlager des *FA-MAS* mit Entlastungsrillen versehen, um den Ausziehwiderstand der Hülse zu vermindern und damit zu verhindern, daß eine Hülse im Patronenlager steckenbleibt oder sich so festfrißt, daß der Hülsenboden abgerissen wird.

Zwischenzeitlich sind mehrere Versionen des *FA-MAS* gefertigt und im Verlauf der letzten zehn Jahre auf Ausstellungen und Rüstungsmessen präsentiert worden, von denen jedoch keine als Ordonnanzwaffe eingeführt wurde. Hierzu gehören ein Export-Modell, das nicht zur Abgabe von Dauerfeuer eingerichtet ist, eine *Commando*-Version mit kurzem Lauf, sowie ein für den zivilen Markt gedachtes halbautomatisches Modell im Kaliber .222 Remington.

Technische Daten:
Kaliber: 5,56 mm X 45 NATO (.223 Remington)
Funktion: Rückstoßlader mit verzögertem Masseverschluß, wahlweise Einzel-, Stoß-, oder Dauerfeuer
Länge: 757 mm
Gewicht: 3,61 kg
Lauf: 488 mm, 3 Züge, Rechtsdrall
Magazin: Stangenmagazin für 25 Patronen
Feuergeschwindigkeit: 900 bis 1000 Schuß pro Minute
Mündungsgeschwindigkeit: 960 Meter pro Sekunde

Das FA-MAS – hier mit abgeklapptem Zweibein – wird bei den französischen Streitkräften aufgrund seiner Form als* »Clairon« *(= Signalhorn) bezeichnet.

Hersteller: Manufacture d'Armes de St. Etienne
(Modell-Variante: FR-F 2)

Traditionsgemäß wurden bei der französischen Armee – wie bei den Streitkräften der meisten Staaten – Scharfschützenwaffen im üblichen Ordonnanzkaliber ausgegeben und ausgesuchte Exemplare des herkömmlichen Ordonnanzgewehres zu Scharfschützengewehren umgerüstet. Mit der Einführung des *FA-MAS* im Kaliber 5,56 mm X 45 war dies nicht mehr möglich. Konzeption und Kaliber der Waffe machten es erforderlich, ein spezifisches Scharfschützengewehr zu entwickeln. Die Franzosen griffen auf ihren letzten Ordonnanz-Repetierer – das *MAS Modèle 1936* – zurück und legten ihn dem *Fusil à Répétition F 1* (Repetiergewehr F 1) zugrunde. Das *MAS 36* arbeitet mit einem Zylinderverschluß, der einen ungewöhnlich großen Durchmesser aufweist. Die Verriegelung erfolgt über zwei Warzen am hinteren Ende des Zylinders, die nahe der Hülsenbrücke in zwei entsprechende Aussparungen der Systemhülse eingreifen. Ebenso ungewöhnlich ist die Tatsache, daß die Schlagfeder innerhalb des hohlen Schlagbolzens untergebracht und nicht, wie allgemein üblich, um den Schlagbolzen gelegt ist. Der Kammerstengel des *FR-F1* ist nach unten abgebogen und weicht damit in der Form deutlich von dem des *MAS 36* ab, der nach vorne gekröpft war, damit er vom Schützen leichter erfaßt und der Ladevorgang rascher durchgeführt werden konnte – was bei einem Scharfschützengewehr von untergeordneter Bedeutung ist.
Der Kolben des separaten Hinterschaftes erhielt einen Pistolengriff. Wie beim *MAS 36* sind Vorder- und Hinterschaft mit dem Systemkasten verschraubt. Ein auf den Magazinboden aufgestecktes Gummipolster kann bei entnommenem Magazin abgezogen und als Staubschutzkappe über die Magazinlippen gestülpt werden. An der

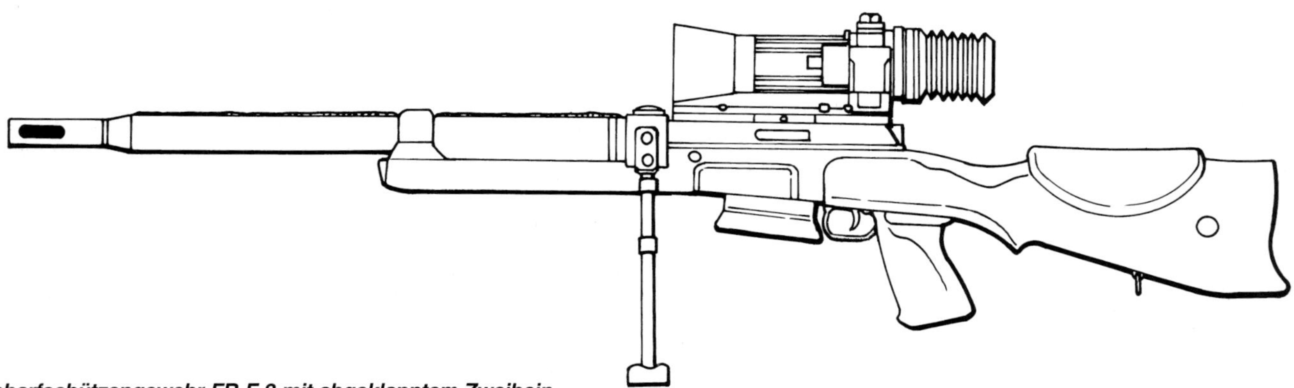

Scharfschützengewehr FR-F 2 mit abgeklapptem Zweibein.

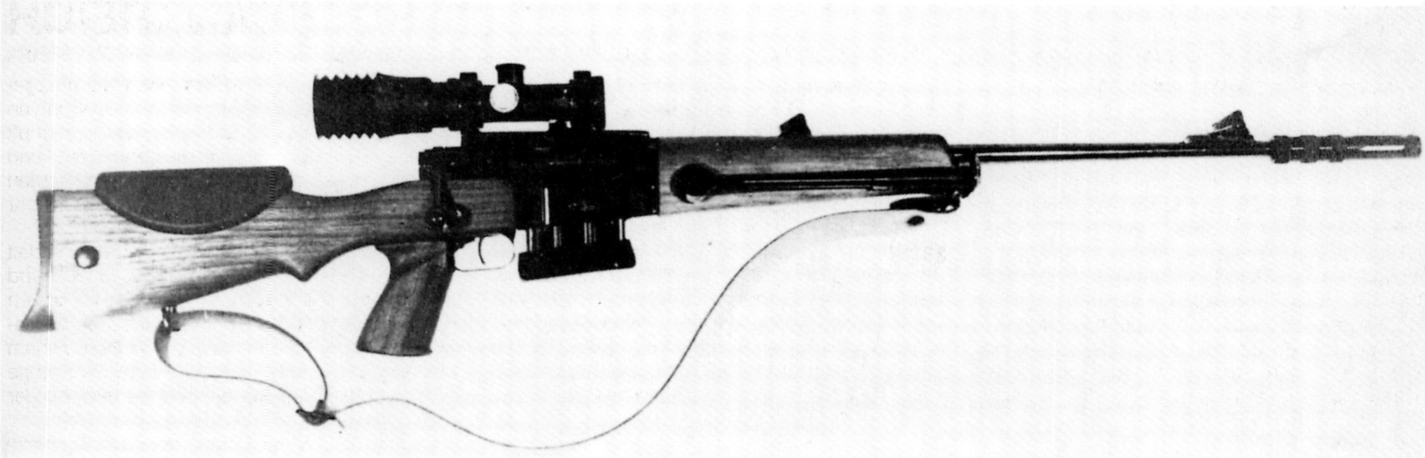

Dem FR-F 1 (oben) und dem FR-F 2 (links) wurde das System der alten MAS-Repetierer zugrunde gelegt. Dennoch zeichnen sich beide Versionen durch eine hervorragende Trefferleistung aus.

Stirnseite des Vorderschaftes ist ein anklappbares Zweibein befestigt. Eine im Feuerdämpfer integrierte Mündungsbremse verhindert ein starkes Hochschlagen der Waffe.
Im Unterschied zu anderen Scharfschützengewehren verfügt das *FR-F 1* über eine brauchbare offene Visierung; Leuchtelemente ermöglichen das Zielen unter ungünstigen Lichtverhältnissen. In erster Linie wird natürlich das mit dem Gewehr ausgegebene Zielfernrohr verwendet.
Anfänglich war das *FR-F 1* für das alte französische Ordonnanzkaliber 7,5 mm X 54 M 1929 ausgelegt, später wurde es für die NATO-Standardpatrone 7,62 mm X 51 eingerichtet.

1984 führte die französische Armee das verbesserte *FR-F 2* ein. Das Zweibein wurde verstärkt, nach hinten verlegt und so angebracht, daß es das Schwingungsverhalten des Laufes nicht negativ beeinflussen kann. Der Vorderschaft besteht aus Stahl, der mit Kunststoff überzogen wurde. Ganz neu ist der den Lauf umschließende Kühlmantel. Er soll eine einseitige Ausdehnung des Laufes bei starker Sonneneinstrahlung verhindern, die Bildung von Hitzeschlieren über dem Lauf unterbinden, die das Zielen beeinträchtigen können, und außerdem die Erfassung der Waffe durch Wärmebildgeräte erschweren.

Technische Daten:
Kaliber: 7,5 mm X 54 M 1929 oder 7,62 mm X 51
Funktion: Repetierer mit Drehzylinderverschluß
Gewicht: 5,20 kg
Länge: 1138 mm
Lauf: 552 mm
Magazin: ansteckbares Stangenmagazin für 10 Patronen
Mündungsgeschwindigkeit: 852 Meter pro Sekunde (7,62 mm X 51)

ENFIELD SA 80 (L 85 A1) GROSSBRITANNIEN

Hersteller: Royal Ordnance Factory, Nottingham (Modell-Variante: L 86 A1)

1945 begannen exilpolnische und britische Ingenieure (Korsac, Janusciewski, Thorpe) in Cheshunt und bei der Royal Small Arms Factory in Enfield mit der Entwicklung einer für die damalige Zeit unkonventionellen Waffe. 1951 wurde sie unter der Bezeichnung *EM 1* beziehungsweise *EM 2* im Kaliber .280/30 (7 mm X 43) vorgestellt. Freilich kam die Grundidee nicht aus England: Obwohl als eigene, britische Entwicklung ausgegeben, lag der Waffe unverkennbar das deutsche *Fallschirmjägergewehr 42* zugrunde, das Louis Stange 1942 bei Rheinmetall konstruiert hatte. Da die USA die Einführung der Patrone 7,62 mm X 51 als NATO-Standardpatrone durchsetzen konnten, wurde dieses Schnellfeuergewehr jedoch verworfen. Bei der 1972 aufgenommenen Entwicklung einer neuen Waffengeneration griffen die britischen Konstrukteure auf die inzwischen als *Bullpup*-Konstruktion bezeichnete Beute-Bauweise zurück. 1976 wurde das neue Schnellfeuergewehr mit der Bezeichnung *SA 80 (Small Arm for the 80's* – Handwaffe für die 80er Jahre), das inzwischen zum Verschießen der eigens entwickelten Patrone 4,85 mm X 49 eingerichtet war, der Öffentlichkeit vorgestellt. Von 1977 bis 1980 wurden Waffe und Munition eingehenden Erprobungen unterzogen, die der Ermittlung der künftigen NATO-Standardpatrone dienten. Nachdem die Entscheidung zugunsten der amerikanischen Patrone 5,56 mm X 45 mit SS-109-Geschoß gefallen war, sahen sich die Briten gezwungen, ihr *SA 80* entsprechend umzubauen. Da sie eine derartige Entwicklung schon während der Konstruktionsphase berücksichtigt hatten, gelang dies ohne größere Probleme. Im Verlauf der Erprobungen wurde die Waffe geringfügig modifiziert und 1985 mit der Bezeichnung *L 85 A1* bei den britischen Streitkräften eingeführt.
Das *L 85 A1* arbeitet als Gasdrucklader mit feststehendem Lauf und einem herkömmlichen Drehkopfverschluß. Da sich Verschluß, Abzugs- und Schlageinrichtung hinter dem Pistolengriff in der Schulterstütze befinden, ist die Waffe sehr kompakt und führig. Die an Infanterie-Einheiten

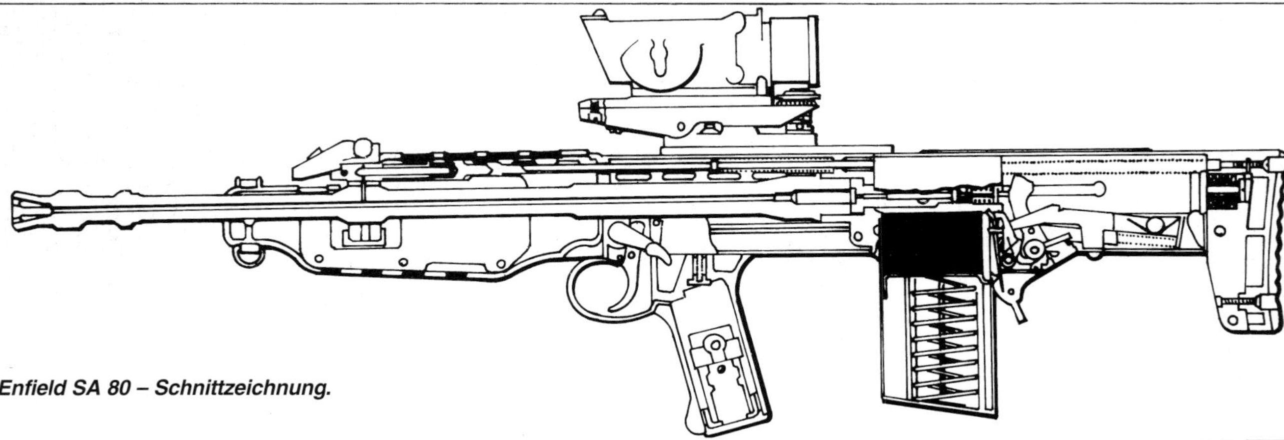

Enfield SA 80 – Schnittzeichnung.

ausgegebene Ausführung ist mit einer als *SUSAT* bezeichneten optischen Zieleinrichtung mit vierfacher Vergrößerung ausgestattet; eine behelfsmäßige offene Visierung ist in das Gehäuse der Zieleinrichtung integriert. Alle anderen Waffen verfügen anstelle der optischen Zieleinrichtung über einen Tragegriff und eine herkömmliche offene Visierung.

Daneben sind eine kurzläufige Karabiner-Version sowie ein halbautomatisches Kadetten-Gewehr im Kaliber .22 lfB im Gebrauch. Eine Modell-Variante mit schwerem Lauf und klappbarem Zweibein trägt die Bezeichnung *L 86 A1 Light Support Weapon* (Leichte Unterstützungswaffe) und kommt als Leichtes Maschinengewehr im Rahmen der Infanterie-Gruppe zum Einsatz.

Bereits kurze Zeit nach Einführung des neuen Schnellfeuergewehres häuften sich Berichte über fehlerhafte Waffen, aus denen die Magazine herausfielen, an denen sich der Handschutz löste, an denen sich die Zieleinrichtung lockerte usw.. Viele Berichte waren übertrieben und jede neue Waffe leidet erfahrungsgemäß an Kinderkrankheiten, zweifellos gelangten jedoch aufgrund mangelhafter Qualitätssicherung zahlreiche fehlerhafte Waffen zur Truppe. Als die Royal Small Arms Factory in Enfield stillgelegt und ab 1988 die Gewehrfertigung in der Royal Ordnance Factory in Nottingham aufgenommen wurde, nutzte man die Gelegenheit zur Beschaffung neuer Werkzeuge und Maschinen. Trotz verschärfter Qualitätskontrollen sind wohl noch nicht alle Kinderkrankheiten ausgemerzt.

Britischer Infanterist im Kniendanschlag mit dem Schnellfeuergewehr L 85 A1 und aufgesetzter SUSAT-Zieloptik (=Sight Unit, Small Arms, Trilux).

Technische Daten:
Kaliber: 5,56 mm X 45
Funktion: Gasdrucklader, wahlweise Einzel- oder Dauerfeuer
Länge: 785 mm
Gewicht: 4,98 kg (einschließlich vollem Magazin und Zieloptik)
Lauf: 518 mm, 6 Züge, Rechtsdrall
Magazin: Stangenmagazin für 30 Patronen
Feuergeschwindigkeit: 650 Schuß pro Minute
Mündungsgeschwindigkeit: 845 Meter pro Sekunde

Hersteller: Gibbs Rifle Co. Inc., Martinsburg, West Virginia, USA

Die traditionsreiche Firma Parker-Hale steht seit vielen Jahrzehnten bei Sportschützen in einem guten Ruf. Das *Modell 85* vereinigt sämtliche Erfahrungen dieser Firma in einer Waffe, die bei den Polizeien und den Streitkräften vieler Staaten in Gebrauch ist. Parker-Hale verkaufte jedoch 1990 den mit der Gewehrfertigung betrauten Geschäftsbereich an die amerikanische Gibbs Rifle Company; seitdem werden das *Modell 85* und andere Parker-Hale-Waffen dort gefertigt.
Das *Modell 85* ist mit einem modifizierten Mauser-Drehzylinderverschluß ausgestattet. Der schwere Lauf ist in die gesenkgeschmiedete und gefräste Hülse eingeschraubt. Der kaltgehämmerte Lauf ist extrem widerstandsfähig und verschleißfest, da infolge des Hämmerverfahrens das Material stark verdichtet wird. Zur Bettung des Laufes dient eine spezielle Kunstharz-Mischung. Zur Vermeidung von Beschädigungen beim Reinigen wurde die Mündung angesenkt. Auf ein Außengewinde an der Mündung, das den Kornsockel aufnimmt, kann auch ein Schalldämpfer aufgeschraubt werden.
Der Verschluß verfügt über zwei Verriegelungswarzen an der Stirnseite und eine dritte am hinteren Teil der Kammer, durch die der Verschluß abgestützt wird. Dies erleichtert das Ausziehen und Auswerfen der Patronenhülse bei Verspannungen. Der Abzugsmechanismus besteht aus einem in sich geschlossenen Bauteil, das durch Stifte gehalten wird und zur Reinigung oder zur Einstellung komplett herausgenommen werden kann. Der werksseitig fein eingestellte und trocken stehende Druckpunkt-Abzug erlaubt ein kriechfreies Auslösen des Schusses und fällt nicht durch.
Die geräuschlos zu betätigende Sicherung wirkt auf Verschluß, Abzug und Abzugsstollen. Der Hinterschaft läßt sich in der Länge verstellen; am Vorderschaft ist ein verstellbares, abnehmbares Zweibein befestigt. Das Diopter-Visier läßt sich auf Entfernungen bis zu 900 Meter einstellen. Eine Prismenschiene dient zur Montage eines Zielfernrohres oder eines passiven Nachtsichtgerätes.

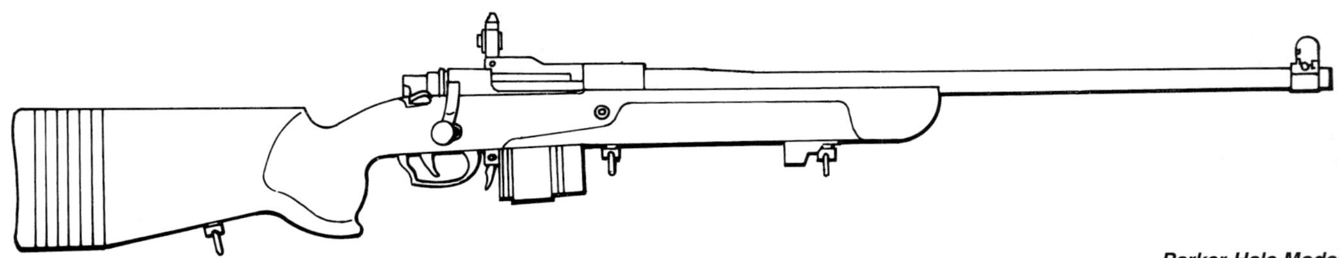

Parker-Hale Modell 85

Parker-Hale Modell 85 mit aufgesetztem elektronischem Restlicht-Aufheller, 10-Schuß-Magazin und verstellbarem Zweibein. Man beachte den langen, nach hinten gebogenen Kammerstengel, der ein bequemes, leichtes und schnelles Repetieren ermöglicht.

Technische Daten:
Kaliber: 7,62 mm X 51
Funktion: Repetiergewehr mit Zylinderverschluß
Länge: 1 150 bis 1 210 mm
Gewicht, ungeladen: 5,70 kg mit aufgesetztem Zielfernrohr
Lauf: 700 mm, 4 Züge, Rechtsdrall
Magazin: Stangenmagazin für 10 Patronen
Mündungsgeschwindigkeit: 860 Meter pro Sekunde

Hersteller: Accuracy International Ltd., Portsmouth

Anfang der 80er Jahre begann sich das britische Militär nach einem neuen Scharfschützengewehr umzusehen. Seitdem das belgische FN *FAL*-Selbstladegewehr als Ordonnanzwaffe eingeführt worden war, waren Scharfschützenwaffen auf der Basis des *Lee-Enfield*-Repetierers verwendet worden. Nachdem mehrere Modelle ausgiebig erprobt worden waren, fiel die Wahl auf das Muster *PM (Precision Match* – Präzisions-Scheibengewehr) der Firma Accuracy International, das der mehrfache Goldmedaillen-Gewinner und Weltmeister im Gewehrschießen, Malcolm Cooper, entwickelt hatte. 1986 führten es die Streitkräfte als *L 96 A1* ein.

In die Konstruktion der Waffe ließ Malcolm Cooper neueste Erkenntnisse und seine große Wettkampferfahrung einfließen. Das System ist spielfrei in einem Aluminium-Skelettrahmen gelagert, der alle wesentlichen Baugruppen wie Abzug und Schaft aufnimmt. Der Schaft besteht aus zwei Schalen hochschlagfesten Kunststoffs. Damit entfallen die aufwendigen Arbeiten, die bei herkömmlichen (Holz-) Schäften erforderlich sind, um das System spielfrei einzupassen; beziehungsweise den Lauf so zu betten, daß er frei schwingen kann. Pflege und Instandsetzung der Waffe sind durch den Skelettrahmen erheblich vereinfacht: Sämtliche Baugruppen lassen sich austauschen, ohne daß sich die Treffpunktlage ändert.

Der Lauf aus rostträgem Chrom-Vanadium-Stahl, dessen Lebensdauer mit weit über 5000 Schuß angegeben wird, ist in die überlange Systemhülse eingeschraubt und freischwingend gelagert. Ein Verriegelungsstück mit den Widerlagern für die drei Verriegelungswarzen an der Stirnseite des Verschlußzylinders ist auf das Laufmundstück aufgeschraubt. Dadurch wird die Lauffertigung vereinfacht und bei zu großem Verschlußabstand

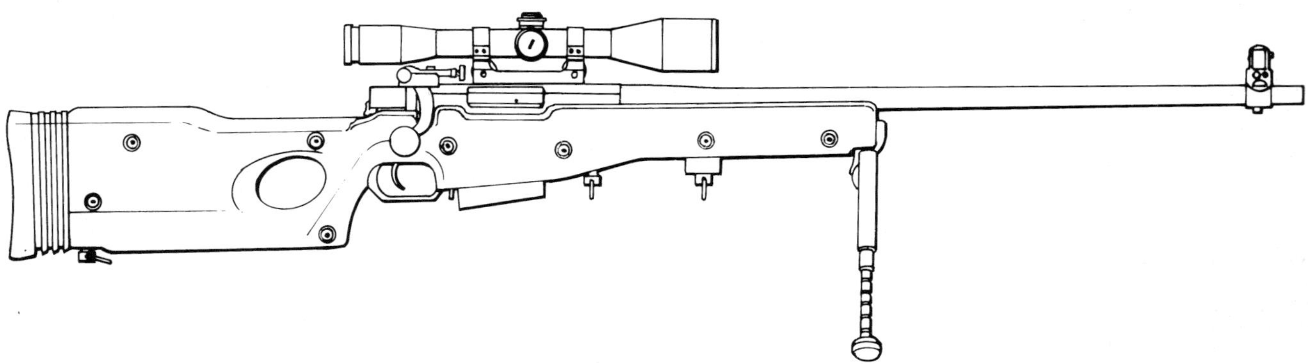

Scharfschützengewehr L 96 A1.

Diese Ausführung des L 96 A1 wurde mit einer wirkungsvollen Mündungsbremse ausgestattet. Die Schrägschlitze verhindern Luftwirbel hinter dem Geschoß. Der Lochschaft besteht aus zwei Kunststoffschalen, die acht Schrauben mit dem Aluminium-Skelettrahmen verbinden.

– hervorgerufen durch Abnutzung – muß lediglich das Verriegelungsstück ausgewechselt werden.
Der Verschluß mit einem Öffnungswinkel von 60 Grad wird durch den Kammerstengel, der in eine Ausnehmung in der Systemhülse unmittelbar hinter der Hülsenbrücke eingreift, zusätzlich abgestützt. Der Schlagbolzenweg von lediglich 6 mm garantiert eine extrem kurze Schußentwicklungszeit.
Die Sicherung wirkt auf Abzug, Kammerstengel und Schlagbolzen, was eine unbeabsichtigte Schußabgabe nahezu vollständig ausschließt.
Eine robuste einteilige Zielfernrohrhalterung, die auf eine aus der Systemhülse herausgearbeitete Prismenschiene aufgeschoben wird, erlaubt eine einfache Montage. Üblicherweise werden deutsche Zielfernrohre der Firma Schmidt & Bender verwendet – entweder mit zwölffacher (12 X 42) oder mit variabler (2,5 bis 10 X 56) Vergrößerung, die auf eine Patrone mit einem schweren Match-Geschoß abgestimmt sind. Zusätzlich ist die Anbringung einer offenen (mechanischen) Visierung möglich, einstellbar auf Entfernungen bis zu 700 Meter.

Technische Daten:
Kaliber: 7,62 mm X 51 (.308 Winchester)
Funktion: Repetierer mit Drehzylinderverschluß
Länge: 1 124 bis 1 194 mm
Gewicht, ungeladen: 6,50 kg
Lauf: 655 mm, 4 Züge, Rechtsdrall
Magazin: ansteckbares Mittelschaftmagazin für 10 Patronen
Mündungsgeschwindigkeit: 840 Meter pro Sekunde

GALIL GEWEHR

ISRAEL

Hersteller: Ta'as Israel Industries, Ramat Hasharon

Die israelischen Streitkräfte führten anfangs der 50er Jahre das FN *FAL*-Gewehr im Kaliber 7,62 mm X 51 ein, das sich aber im Verlauf der militärischen Auseinandersetzungen mit den arabischen Nachbarstaaten nicht bewährte. Nach dem Sechstage-Krieg mit Ägypten, Syrien und Jordanien, der im Juni 1967 begonnen hatte, erhoben die israelischen Militärs die Forderung nach einem neuen Gewehr. In den folgenden Jahren wurde die *Galil*-Waffenfamilie entwickelt und 1973 eingeführt.

Der Konstrukteur, Israel Galil, erprobte zunächst eine ganze Reihe verschiedenartiger Infanteriewaffen und analysierte deren Konstruktionsprinzipien. In die Entwicklung flossen die auf den Kriegsschauplätzen gesammelten Erfahrungen ein, wobei Mängel der Testwaffen eliminiert wurden. Schon bald zeigte sich, daß die an erster Stelle stehende Forderung nach störungsfreier Funktion in der Wüste am ehesten von dem – in der arabischen Welt weit verbreiteten – sowjetischen Sturmgewehr *AK 47* erfüllt wurde. Auf der Basis des Kalaschnikow-Sturmgewehrs entstand schließlich – auch unter Verwendung der Konstruktionsprinzipien mehrerer anderer Waffen – ein neues Gewehr im Kaliber 5,56 mm X 45 (seit Anfang der 80er Jahre wird es für den Export auch im Kaliber 7,62 mm X 51 gefertigt).

Das *Galil* arbeitet als Gasdrucklader mit starr verriegeltem Drehkopfverschluß. Über dem Lauf liegt die Gasdruckeinrichtung mit dem Gaskolben. Bei der Schußabgabe wird der Gaskolben nach hinten geworfen und wirkt auf den Verschlußträger des zweiteiligen Verschlusses. Beim Rücklauf wird der Verschlußkopf über eine Steuerkurve zu einer Drehbewegung gezwungen, die Verriegelungswarzen treten aus den entsprechenden Widerlagern aus, und Verschlußkopf und Verschlußträger laufen gemeinsam zurück. Durch

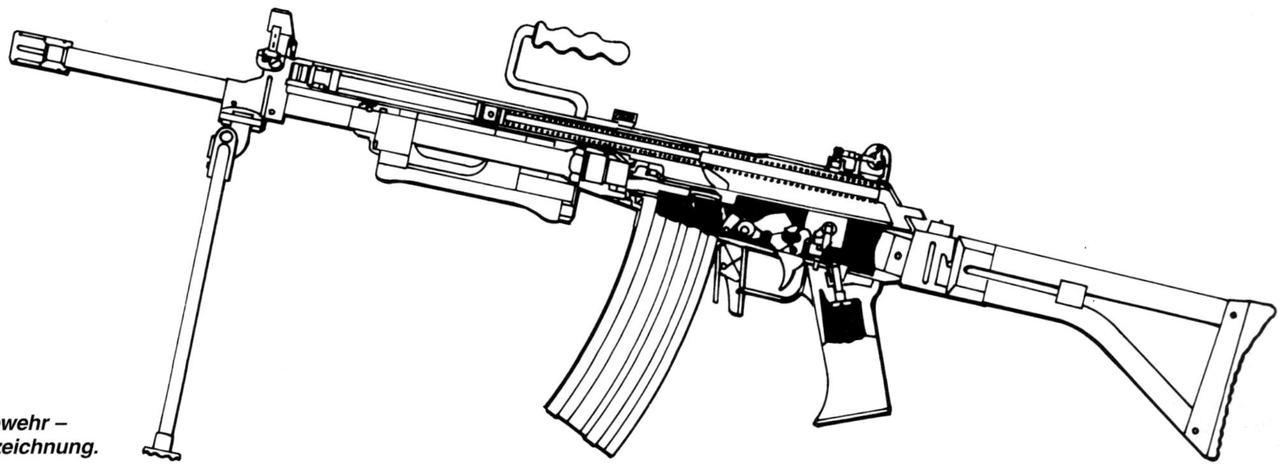

Galil-Gewehr – Schnittzeichnung.

sechs Bohrungen im Führungsring des Gaskolbens strömt eine geringe Menge der Pulvergase nach hinten und reinigt dabei Verriegelungswarzen, Stoßboden und Gleitbahn des Verschlusses, wodurch Verschmutzungen und Funktionsstörungen durch Sand, Wasser oder Schlamm vermieden werden. Anstatt Blechprägeteile zu verwenden, wird das Gehäuse des *Galil* aus einem massiven Rohling gefräst. Dies macht die Waffe zwar extrem robust, gleichzeitig aber verhältnismäßig schwer und die Fertigung aufgrund der komplizierten Fräsarbeiten zeit- und kostenaufwendig.
Der gleichzeitig als Sicherungshebel dienende Feuerwahlhebel, der Magazinhaltehebel und der Spanngriff sind griffgünstig so angebracht, daß sie auch von Linkshändern leicht zu betätigen sind. Die Dioptervisierung mit einer auf 300 Meter und 500 Meter einstellbaren Lochkimme und einem Tunnelkorn ist mit klappbaren Leuchtelementen ausgestattet, die ein Schießen bei ungünstigen Lichtverhältnissen ermöglichen. Die Schulterstütze aus Metall, die sowohl nach rechts als auch nach links an das Gehäuse angeklappt werden kann, ist austauschbar gegen einen Kolben aus Holz oder Kunststoff. Das klappbare Zweibein kann als Drahtschere verwendet werden und ist mit einem integrierten Kapselheber (Flaschenöffner) ausgestattet.
Die bei den israelischen Streitkräften eingeführte Standardversion mit der Bezeichnung *ARM (Assault Rifle/Machinegun* – Sturmgewehr/Maschinengewehr) ist mit Klappschaft, Zweibein und Tragegriff ausgestattet. Eine andere Variante *AR (Assault Rifle* – Sturmgewehr) ist nahezu baugleich, Zweibein und Tragegriff wurden jedoch weggelassen. Die Karabinerversion mit der Bezeichnung *SAR (Short Assault Rifle* – kurzes Sturmgewehr), ebenfalls ohne Zweibein und

Das Galil, bei dessen Konstruktion das Kalaschnikow-Sturmgewehr Pate stand, ist überaus vielseitig verwendbar. Die Abbildung zeigt die Version ARM mit einem Teil des umfangreichen Zubehörs; darunter Gewehrgranaten und ein 50-Schuß-Magazin.

Tragegriff, erhielt einen lediglich 332 mm langen Lauf.
Die unterschiedlichen Versionen des *Galil* werden exportiert und in verschiedenen Ländern in Lizenz gefertigt, darunter in Südafrika, wo es in einer modifizierten Gewehrversion mit der Bezeichnung *R-4* und einer Karabinerversion mit der Bezeichnung *R-5* eingeführt wurde.

Technische Daten (ARM):
Kaliber: 5,56 mm X 45 (.223 Remington)
Funktion: Gasdrucklader, wahlweise Einzel- oder Dauerfeuer
Länge: 979 mm (Schulterstütze abgeklappt), 742 mm (Schulterstütze angeklappt)
Gewicht: 4,35 kg
Lauf: 460 mm, 6 Züge, Rechtsdrall
Magazin: Stangenmagazin für 35 oder 50 Patronen
Feuergeschwindigkeit: 650 Schuß pro Minute
Mündungsgeschwindigkeit: 950 Meter pro Sekunde

GALIL SCHARFSCHÜTZENGEWEHR ISRAEL

Hersteller: Ta'as Israel Industries, Ramat Hasharon

In den 70er Jahren erhob das israelische Militär die Forderung nach einem neuen Scharfschützengewehr, das die zu Scharfschützenwaffen umgebauten *Karabiner 98k; Lee-Enfields, M 14, FALs* u.a. ersetzen sollte. Was lag näher, als das staatliche Unternehmen IMI (Israel Military Industries), das bereits das *Galil*-Gewehr fertigt, mit der Entwicklung eines geeigneten Scharfschützengewehrs zu beauftragen? In enger Zusammenarbeit mit dem Militär entstand so aus dem *Galil* im Kaliber 7,62 mm X 51 eine halbautomatische Scharfschützenwaffe.

Das Konstruktionsprinzip des Gasdruckladers mit starr verriegeltem Drehkopfverschluß, bei dem das Schnellfeuergewehr *Kalaschnikow AK 47* Pate gestanden hatte, wurde beibehalten, lediglich die Gasdruckeinrichtung wurde verlängert. Darüber hinaus wurde ein schwerer Präzisions-Stufenlauf eingelegt und ein neuartiger Handschutz verwendet, der so konstruiert ist, daß eine negative Beeinflussung des Schwingungsverhaltens des Laufes ausgeschlossen ist. Das klappbare Zweibein ist so ausgelegt, daß es im Liegendanschlag vom Schützen mühelos erreicht und justiert werden kann, wobei die Befestigung am Handschutz verhindert, daß Verspannungen an der Waffe auftreten.

Auf ein Gewinde an der Laufmündung ist ein wirkungsvoller Mündungsfeuerdämpfer aufgeschraubt, der gleichzeitig als Mündungsbremse dient und zur Stabilisierung der Waffe bei der Schußabgabe beiträgt. Der Mündungsfeuerdämpfer kann abgeschraubt und erforderlichenfalls durch einen Schalldämpfer ersetzt werden.

Die halbautomatische, also – ihrem Einsatz entsprechend – nur für Einzelfeuer eingerichtete Scharfschützenwaffe verfügt über einen sorgfältig abgestimmten Druckpunktabzug. Der klappbare Holzkolben ist mit einer höhenverstellbaren Schaftbacke und einer ventillierten Schaftkappe (Rückschlagminderer) aus Gummi ausgestattet und läßt sich unter Verwendung entsprechender Zwischenlagen aus Kunststoff in der Länge verstellen.

Das Zielfernrohr, links zur Längsachse der Waffe versetzt, mit sechsfacher Vergrößerung und einem Objektivdurchmesser von 40 mm, läßt sich unter Verwendung einer seitlich am Gehäuse zu

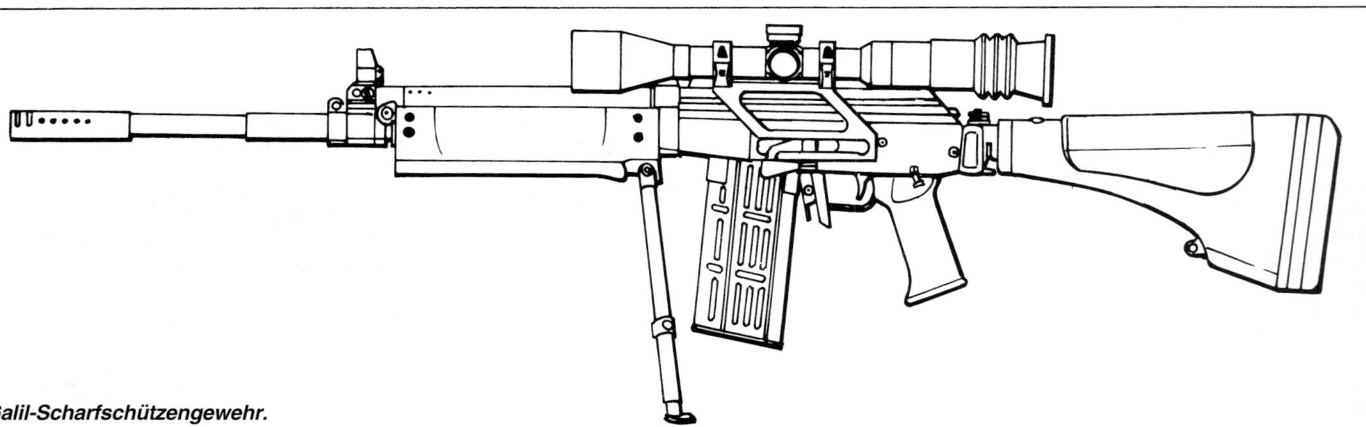

Galil-Scharfschützengewehr.

befestigenden robusten Spannmontage einfach auf die Waffe aufsetzen und abnehmen, ohne daß es zu einer Treffpunktverlagerung kommt.
Zum Lieferumfang jeden Gewehrs gehört ein spezieller Transportkoffer, der zudem das Zielfernrohr mit Montage, Vorsatzfilter für das Zielfernrohr, Trage- und Schießriemen, Ersatzmagazine und Reinigungsgerät aufnimmt. Bei Verwendung von Spezialpatronen im Kaliber 7,62 mm X 51 mit einem Match-Geschoß von 10,9 Gramm Gewicht beträgt der Streukreisdurchmesser bei (zehn Schuß?) einer Schußentfernung von 300 Meter 120 Millimeter.

Galil-Scharfschützengewehr mit aufgesetztem Zielfernrohr, Zweibein und Kolben abgeklappt; unten Zweibein und Kolben angeklappt.

Technische Daten:
Kaliber: 7,62 mm X 51 (.308 Winchester)
Funktion: Gasdrucklader, halbautomatisch
Länge: 1.115 mm (Kolben abgeklappt), 840 mm (Kolben angeklappt)
Gewicht: 6,40 kg
Lauf: 508 mm (ohne Mündungsfeuerdämpfer), 4 Züge, Rechtsdrall
Magazin: Stangenmagazin für 20 Patronen
Mündungsgeschwindigkeit: 815 Meter pro Sekunde

BERETTA 70/90

Hersteller: Pietro Beretta S.p.A., Gardone Val Trompia

Zu Beginn der 80er Jahre entschloß sich die italienische Armee zur Einführung des Kalibers 5,56 mm. Um möglichst viele Hersteller anzusprechen, wurde ein ziemlich allgemein gehaltener Anforderungskatalog erstellt. Zu diesem Zeitpunkt konnte man bei Beretta bereits auf praktische Erfahrungen mit dem *AR 70/223* zurückgreifen und hatte festgestellt, daß dieses Gewehr einige Konstruktionsmängel aufwies. Man beschloß, diese zu beheben und die Waffe zu modernisieren.

Da sich das in Blechprägetechnik gefertigte Gehäuse des *AR 70/223* unter extremer Belastung so stark verzog, daß sich der Verschluß verklemmte, wurde es verstärkt und die Gleitschienen zur Verschlußführung im Punktschweißverfahren befestigt. Die Abzugseinrichtung gestattet über einen Feuerwahlhebel die Abgabe von Einzelfeuer, 3-Schuß-Feuerstößen und Dauerfeuer. Es handelt sich um einen Gasdrucklader mit starr verriegeltem Drehkopfverschluß. Die Gasdruckeinrichtung mit dem Gaskolben sitzt über dem Lauf. Ein abnehmbarer Tragegriff ist auf eine Prismenschiene aufgesteckt. Bei abgenommenem Tragegriff dient sie der Befestigung einer Zielfernrohrhalterung. Durchbrüche im Tragegriff erlauben das Zielen über die offene Visierung.

Bemerkenswert ist, daß der Lauf nicht mit dem Gehäuse verschraubt, sondern – wie beim amerikanischen Gewehr *M 16* – in das Gehäuse eingesteckt und – unter Einhaltung engster Fertigungstoleranzen – durch eine Überwurfmutter gehalten wird. Dies erleichtert einen Laufwechsel erheblich, weil das Vermessen beziehungsweise Einstellen des Verschlußabstandes entfällt.

Die Waffe wurde 1985 vorgestellt und zusammen mit drei weiteren Mustern verschiedener Hersteller in Versuchsreihen ausgiebig erprobt. Im Juni 1990 wurde die Genehmigung zur Einführung bei den italienischen Streitkräften erteilt.

Neben der Standardausführung *AR 70/90* ist eine Version *SC 70/90* mit klappbarer Schulterstütze lieferbar. Ein Sondermodell *SC 70/90 S* ist ausgestattet mit klappbarer Schulterstütze und kürzerem Lauf. Ebenso gehört das als Leichtes Maschinengewehr einsetzbare *AS 70/90* mit schwerem Lauf und Zweibein zur Familie.

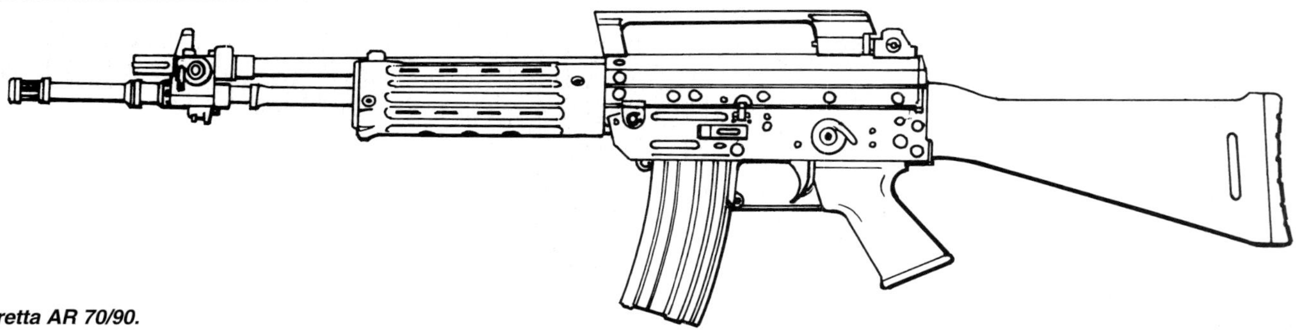

Beretta AR 70/90.

Zwei Modelle der Waffenfamilie Beretta 70/90: Oben das Gewehr AR 70/90 mit festem Kolben aus Kunststoff, unten das Modell SC 70/90 S mit kurzem Lauf und angeklappter Metall-Schulterstütze

Technische Daten (AR 70/90):
Kaliber: 5,56 mm X 45 NATO
Funktion: Gasdrucklader, wahlweise Einzel-, Stoß- oder Dauerfeuer
Länge: 998 mm
Gewicht: 3,99 kg
Lauf: 450 mm, 6 Züge, Rechtsdrall
Magazin: Stangenmagazin für 30 Patronen
Feuergeschwindigkeit: 600 Schuß pro Minute
Mündungsgeschwindigkeit: 900 Meter pro Sekunde

BERETTA 70/223

Hersteller: Pietro Beretta S.p.A., Gardone Val Trompia

Als in den 70er Jahren weltweit immer mehr Waffen im Kaliber 5,56 mm die Arsenale zu füllen begannen, hielt man auch im Hause Pietro Beretta die Zeit für gekommen, ein Gewehr in diesem Kaliber zu fertigen. Dies um so mehr, als die Waffen der Baureihe *BM 59* im Kaliber 7,62 mm X 51 allmählich überholt waren und eine Neubewaffnung der italienischen Streitkräfte mit Gewehren im Kaliber 5,56 mm X 45 angestrebt wurde.

Der daraufhin entwickelte Gasdrucklader mit starr verriegeltem Drehkopfverschluß *AR 70/223* war für Einzel- und Dauerfeuer eingerichtet. Wie bei den meisten während dieser Zeit gefertigten Waffen im US-Kaliber 5,56 mm X 45 kamen überwiegend Blechpräge- und Kunststoffteile zur Anwendung. Der Verschluß wurde in zwei Sicken im Gehäuse geführt. Die einzelnen Baugruppen verbanden herausnehmbare Druckbolzen. Die über dem Lauf angeordnete Gasdruckeinrichtung ließ sich durch Hochklappen eines Umschalthebels außer Funktion setzen. Wurde dieser Umschalthebel, der als Leitervisier ausgeformt war, in seine vertikale Stellung geklappt, wurde die Gasentnahmebohrung verschlossen und damit die Gasdruckeinrichtung außer Funktion gesetzt, so daß mit speziellen Treibladungspatronen Gewehrgranaten verschossen werden konnten.

Die Standardversion mit 450-mm-Lauf erhielt einen festen Kolben aus Kunststoff, die Ausführung *SC 70/223* eine klappbare Metallschulterstütze. Für Luftlande- und Kommando-Einheiten stand eine dritte Ausführung *SC 70/223 S* mit klappbarer Schulterstütze und 320-mm-Lauf zur Verfügung. Sie war nicht zum Abschuß von Gewehrgranaten eingerichtet.

Die Waffen der *AR-70/223*-Familie wurden zwar von den italienischen Streitkräften erprobt, jedoch nur in geringen Stückzahlen bei Spezialeinheiten eingeführt. Sie werden jedoch exportiert: unter anderem beschafften sich die Streitkräfte von Jordanien und von Malaysia diese Modelle.

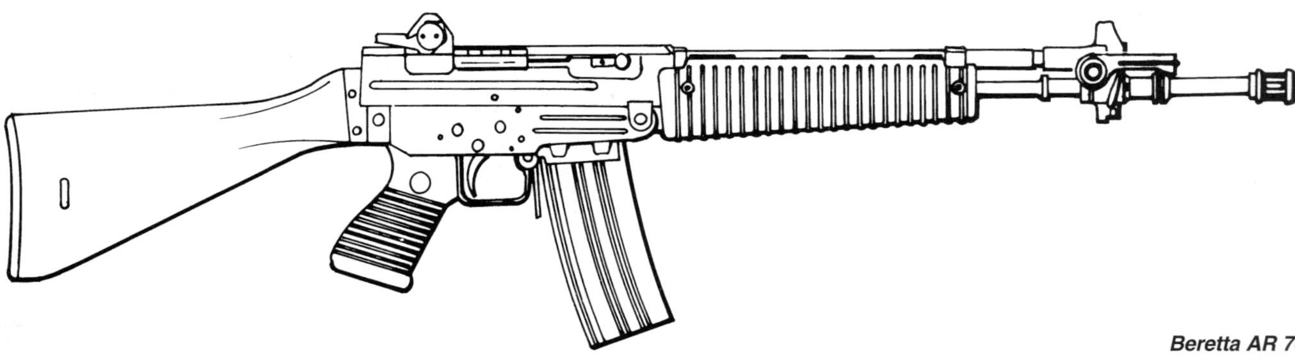

Beretta AR 70/223.

SC 70/223 mit abgeklappter Schulterstütze (ältere Ausführung).

Technische Daten:
Kaliber: 5,56 mm X 45 M 193 (.223 Remington)
Funktion: Gasdrucklader, wahlweise Einzel- oder Dauerfeuer
Länge: 955 mm
Gewicht: 3,50 kg
Lauf: 450 mm, 4 Züge, Rechtsdrall
Magazin: Stangenmagazin für 30 Patronen
Feuergeschwindigkeit: 650 Schuß pro Minute
Mündungsgeschwindigkeit: 950 Meter pro Sekunde

AR 70/223 mit aufgesetztem Nachtsichtgerät und Zweibein.

BERETTA SNIPER — ITALIEN

Hersteller: Pietro Beretta S.p.A., Gardone Val Trompia

Das System dieses Scharfschützengewehrs beruht auf einem modifizierten Mauser-Verschluß mit zwei Verriegelungswarzen. Die Bettung erlaubt ein ungehindertes Schwingen des schweren Präzisionslaufes, der mit einem trichterförmigen Mündungsfeuerdämpfer ausgestattet ist. In einem größtenteils vom Vorderschaft umschlossenen Rohr unter dem Lauf, an dem auch das klappbare Zweibein befestigt wird, lagert federnd ein Ausgleichskörper. Bei der Schußabgabe wirkt dieser durch sein Beharrungsvermögen dem Rückstoß und einer übermäßigen Erschütterung der Waffe entgegen. An einem verschiebbaren Handstopp an der Unterseite des Vorderschaftes läßt sich ein Schießriemen als Anschlagshilfe befestigen.

Der aus hochwertigem Holz gefertigte Lochschaft ermöglicht eine natürliche Handhaltung des Schützen. Eine verstellbare Schaftbacke erleichtert den Anschlag. Der Rückschlagminderer aus Gummi läßt sich abnehmen, um mit Zwischenlagen aus Kunststoff die Kolbenlänge verändern zu können.

Die offene Visierung besteht aus einer verstellbaren Rechteckkimme und einem Balkenkorn mit Korntunnel. Der Befestigung des Zielfernrohrhalters dienen Prismen auf Hülsenkopf und Hülsenbrücke. Werksseitig wird ein variables Zielfernrohr Zeiss Diavari-Z (1,5- bis 6-fach) montiert, das mit verschiedenen Absehen lieferbar ist. Die Zielfernrohrmontage entspricht STANAG 2324, so daß sämtliche innerhalb der NATO standardisierten Zielfernrohre oder Nachtsichtgeräte aufgesetzt werden können. Das *Beretta Sniper* führten die Polizeien einiger europäischer und die Streitkräfte einiger außereuropäischer Staaten ein.

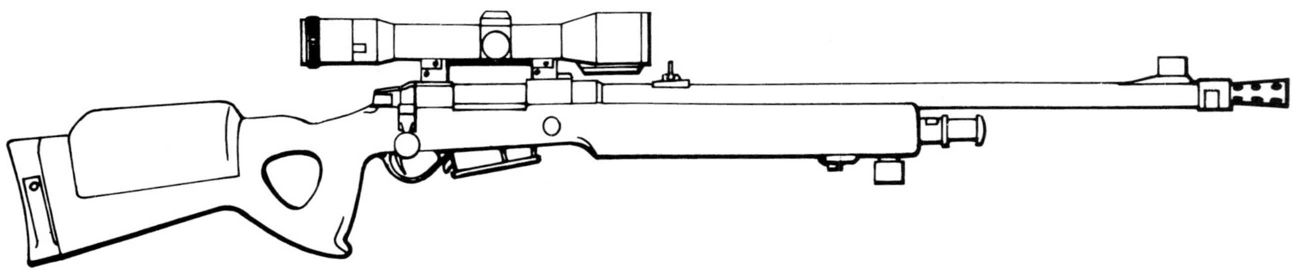

Scharfschützengewehr Beretta Sniper.

Kennzeichen des Beretta Sniper – hier mit aufgesetztem Zeiss-Zielfernrohr – sind das modifizierte Mauser-System, ein hölzerner Lochschaft, das verstellbare Zweibein, der trichterförmige Mündungsfeuerdämpfer und das Ausgleichsgewicht am Vorderschaft.

Technische Daten:
Kaliber: 7,62 mm X 51 (.308 Winchester)
Funktion: Repetierer, Drehzylinderverschluß
Länge: 1 165 mm
Gewicht: 5,55 kg (ohne Zielfernrohr und ohne Zweibein)
Lauf: 586 mm, 4 Züge, Rechtsdrall
Magazin: Stangenmagazin für 5 Patronen
Mündungsgeschwindigkeit: 845 Meter pro Sekunde

Hersteller: Vapensmia A/S, Dokka

Die Norweger legten stets großen Wert auf eine gute Schießausbildung, und Scharfschützengewehre gehörten schon immer zur Ausrüstung ihrer Streitkräfte. Eine Scharfschützenversion des *Krag-Jorgensen*-Gewehrs war noch nach 1945 im Gebrauch. Danach waren Mauser-Karabiner beschafft worden und erst 1988 wurde das Scharfschützengewehr *NM 149 S* eingeführt. Diese Waffe wird von einem kleinen Unternehmen gebaut, das sich auf die Fertigung von Präzisionswaffen und -zubehör spezialisierte.
Das *NM 149 S* beruht auf einem modifizierten Mauser-System 98, das noch heute in bezug auf Sicherheit und Präzision unübertroffen ist. Das System und der kaltgehämmerte, schwere Präzisionslauf sind in einem Schichtholzschaft gebettet. Er besteht aus 28 Lagen verleimten und mit Kunstharz imprägnierten Buchenholzes, wodurch ausgeschlossen wird, daß das Holz bei Feuchtigkeit aufquillt und sich der Schaft verzieht. Der Schaft steht in einer Militär- und in einer Polizeiversion zur Verfügung, wobei der militärische Schaft schlanker gehalten und die polizeiliche Version mit einer Springbacke ausgestattet ist. Der Kolben wird bei beiden Ausführungen von einer Kunststoffkappe abgeschlossen und läßt sich mittels Zwischenlagen verlängern.
Abzugswiderstand und Vorzug sind einstellbar. Da ein Laden der Waffe von oben bei aufgesetztem Zielfernrohr nicht möglich ist, erfolgt die Patronenzufuhr aus einem ansteckbaren 5-Schuß-Magazin.
Das Gewehr ist zwar mit einer Diopter-Visierung lieferbar; in erster Linie wird jedoch ein Zielfernrohr verwendet, das werksseitig mittels einteiliger Aufschubmontage aufgesetzt wird.
Das übliche 6 X 42 Zielfernrohr der Firma Schmidt & Bender läßt sich auf Entfernungen von 100 bis 800 Meter einstellen. Ein Zielfernrohr mit einer variablen, 1,5- bis 6-fachen Vergrößerung ist ebenfalls lieferbar.

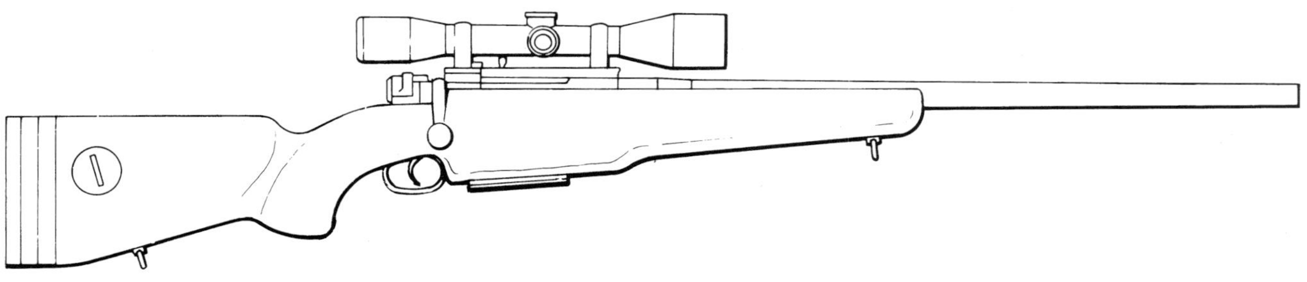

Scharfschützengewehr NM 149 S.

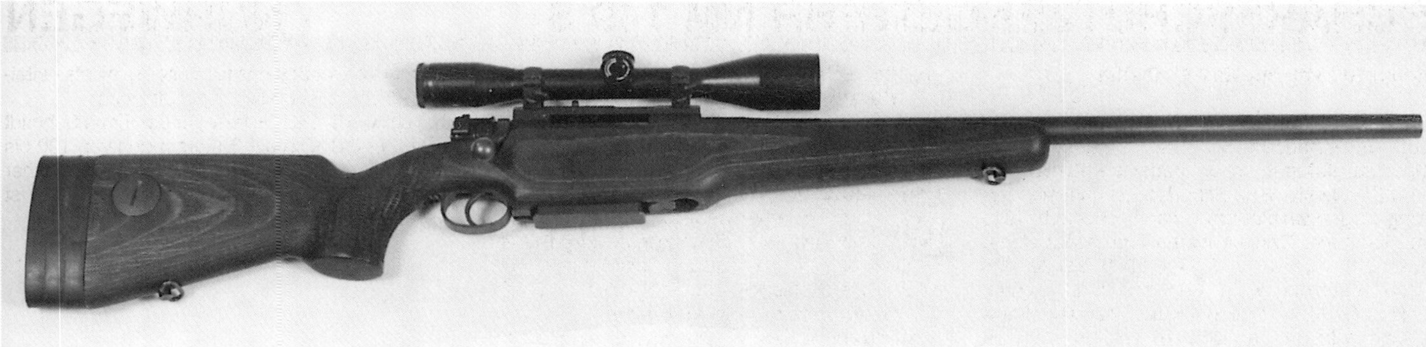

Das NM 149 S verfügt über eine hervorragende Trefferleistung und ist so robust gebaut, daß ihm auch extreme klimatische Bedingungen nichts anhaben können.

Technische Daten:
Kaliber: 7,62 mm X 51 (.308 Winchester)
Funktion: Repetierer, Drehzylinderverschluß
Länge: 1 120 mm
Gewicht (ungeladen): 5,60 kg mit aufgesetztem Zielfernrohr
Lauf: 600 mm, 4 Züge, Rechtsdrall
Magazin: Stangenmagazin für 5 Patronen
Mündungsgeschwindigkeit: 840 Meter pro Sekunde

Hersteller: Steyr-Mannlicher GmbH, Steyr

Die Abkürzung *AUG* bedeutet »Armee-Universal-Gewehr« und bezieht sich auf die Konstruktion der Waffe – ein Sturmgewehr, das sich aus verschiedenen, austauschbaren Baugruppen zusammensetzt. Der Austausch dieser Baugruppen macht die Waffe wahlweise zum Karabiner, Sturmgewehr, Schnellfeuergewehr oder Leichten Maschinengewehr.
Das österreichische Bundesheer führte das *AUG* 1977 unter der Bezeichnung *Sturmgewehr 77 (Stgw 77)* ein. Zwischenzeitlich mauserte es sich zu einem regelrechten Exportschlager – so führten die Streitkräfte von Australien, Neuseeland, Irland, Marokko, Saudi Arabien, Oman und Indonesien das *AUG* ein.
Das Grundmodell besteht aus einem Kunststoff-Schaft, der das Verschlußgehäuse mit Verschluß und Gasdruckeinrichtung aufnimmt. Die Gehäuse-Baugruppe ist zu einem Tragegriff ausgeformt, der eine Zieloptik mit eineinhalbfacher Vergrößerung aufnimmt. Der Lauf, an dessen Unterseite ein Haltegriff befestigt ist, wird von vorne in das Gehäuse eingesetzt, durch eine kurze Drehung arretiert und mit der Gasdruckeinrichtung verbunden. Der Abzugsmechanismus wird von hinten in den Schaft eingesetzt und durch die Kolbenplatte fixiert. Das Magazin besteht aus durchsichtigem Kunststoff, so daß der Schütze auf einen Blick den Ladezustand erkennen kann. Die sogenannte *Bullpup*-Bauweise, die besagt, daß der Verschluß in der Schulterstütze untergebracht ist, ermöglicht den Einbau eines langen Laufes bei gleichzeitig geringer Gesamtlänge der Waffe.
Die vorangegangene Beschreibung macht deutlich, wie einfach sich der Lauf wechseln und die Waffe sich zu den unterschiedlichen Ausführungen umbauen läßt. Der Lauf mit der größten Länge ist zudem stärker und schwerer als die übrigen Läufe und gestattet die

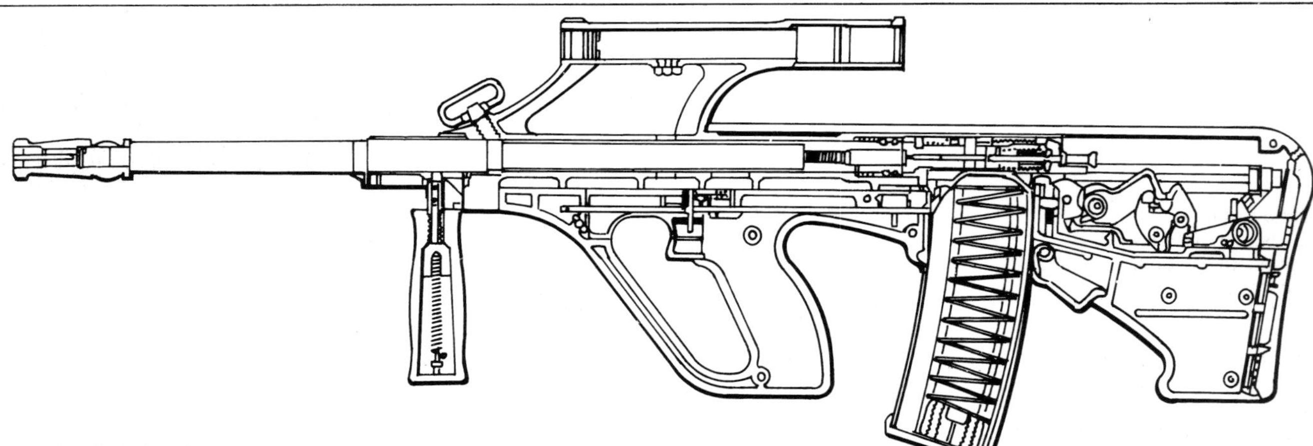

Steyr AUG – Schnittzeichnung.

Verwendung des *AUG* als Leichtes Maschinengewehr.
Das übliche Gehäuse mit Tragegriff und optischer Zielhilfe läßt sich durch ein Gehäuse ersetzen, das die Montage eines Zielfernrohres gestattet.
Der Abzugsmechanismus des Grundmodells erlaubt die Abgabe von Einzel- oder Dauerfeuer, je nachdem wie weit der Abzug durchgezogen wird: bei leichter Betätigung bricht lediglich ein einziger Schuß, bei vollständig durchgezogenem Abzug schießt die Waffe Dauerfeuer. Es gibt auch eine Abzugs-Baugruppe, die bei einmaliger Abzugsbetätigung die Abgabe von 3-Schuß-Feuerstößen ermöglicht. Durch Austausch des Verschlusses werden die Hülsen wahlweise durch das Auswurf-Fenster der linken oder der rechten Seite ausgeworfen. Das *AUG* läßt sich von Rechts- und Links-Schützen also gleichermaßen bedienfreundlich handhaben.

Technische Daten:
Kaliber: 5,56 mm X 45 NATO
Funktion: Gasdrucklader, wahlweise Einzel- oder Dauerfeuer
Gewicht: 3,60 kg
Länge: 790 mm
Lauf: 508 mm, 6 Züge, Rechtsdrall
Magazin: Stangenmagazin für 30 oder für 42 Patronen
Feuergeschwindigkeit: 650 Schuß pro Minute
Mündungsgeschwindigkeit: 975 Meter pro Sekunde

Das Steyr AUG als Gewehr, Sturmgewehr, Karabiner und Maschinenpistole, jeweils im Kaliber 5,56 mm X 45 NATO. Durch Austausch von Baugruppen läßt sich die Waffe u.a. wahlweise zur Abgabe von Einzelschüssen, Dauerfeuer oder Stoßfeuer einrichten.

Soldat in ABC-Schutzausrüstung mit langläufigem AUG.

STEYR ACR (ADVANCED COMBAT RIFLE) ÖSTERREICH

Hersteller: Steyr-Mannlicher GmbH, Steyr

Anfangs des Jahres 1980 ließ das US-Heer verlauten, es suche eine Gewehrkonstruktion, die etwa um das Jahr 1990 eingeführt werden solle. Als erster Schritt in diese Richtung wurden zwei Firmen damit beauftragt, Gewehre zum Verschießen hülsenloser Munition zu entwickeln. Danach wurden vier andere Hersteller um Vorlage »weiterer Lösungen« gebeten. Indem den Firmen gestattet wurde, jeweils diejenigen Konstruktion zu entwickeln, die sie für am besten geeignet hielten, sollte sichergestellt werden, daß alle möglichen Lösungen in Betracht gezogen werden konnten. Die Prototypen der jeweiligen Entwürfe lagen im Sommer 1989 vor und wurden daraufhin von der US Army ausgiebig erprobt. 1992 wurde schließlich bekanntgegeben, daß keines der vorgelegten Muster eine derart deutliche Verbesserung im Vergleich zum eingeführten *M 16 A2* darstelle, daß sich eine Fertigung lohne. Obwohl die Steyr-Konstruktion nicht von den amerikanischen Streitkräften eingeführt wurde, scheint es doch wahrscheinlich, daß sie als nächste Waffengeneration des Bundesheeres bei Steyr in Serienproduktion geht.
Die Ähnlichkeit mit dem *AUG (Stgw 77)* ist unverkennbar. Sie beschränkt sich jedoch auf die Formgebung und den Kunststoffschaft – das Innenleben gestaltet sich völlig anders. Das *ACR* ist zum Verschießen eines Pfeilgeschosses *(Flechette)* aus einer Kunststoffhülse eingerichtet, wobei die Zündung der Treibladung über einen Zündsatz erfolgt, der nahe des Patronenbodens ringförmig um die Hülse angeordnet ist.
Eine völlig neue Konstruktion zeigt der Verschlußmechanismus. Der starr eingebaute Lauf wird nach hinten durch einen Verschlußblock abgedichtet, den ein Führungshebel auf- und abbewegt, der durch einen Gaskolben betätigt wird. In diese Baugruppe ist auch die Zuführeinrichtung integriert. Um die Waffe feuerbereit zu machen, wird der Spannhebel nach hinten gezogen, wodurch der Führungshebel und das Zuführteil in hinterste Stellung gebracht werden.

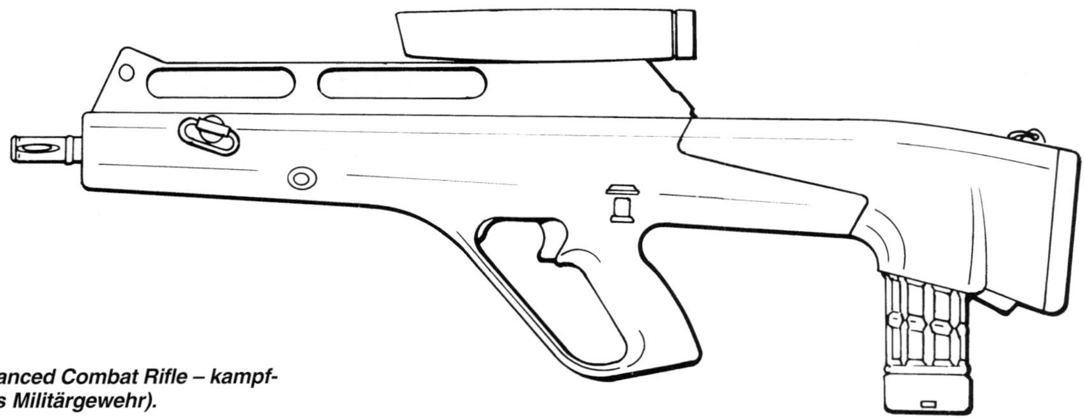

Steyr ACR (Advanced Combat Rifle – kampfwertgesteigertes Militärgewehr).

Beim Durchziehen des Abzuges schnellt das Zuführteil nach vorne und stößt eine Patrone aus dem Magazin in den Verschlußblock. Der Verschluß wird freigegeben und bewegt sich nach oben, bis er in der Verlängerung des Laufes liegt. Bei Erreichen der Endstellung wird automatisch der ringförmige Zündsatz von einem starren Schlagbolzen getroffen, die Treibladung wird gezündet und das Pfeilgeschoß aus dem Lauf getrieben. Ein Teil der Pulvergase strömt in die Gasdruckeinrichtung, der Gaskolben wird nach hinten gedrückt, der Verschlußblock gleitet nach unten und die Zuführeinrichtung wird gespannt. Bei erneuter Betätigung des Abzuges wird das Zuführteil frei gegeben und führt die nächste Patrone zu, wodurch die Patronenhülse aus dem Verschlußblock gestoßen und unterhalb des Laufes nach vorne ausgeworfen wird.
Die Waffe ist mit einer optischen Zieleinrichtung ausgestattet, die aufgrund der gestreckten Flugbahn des Pfeilgeschosses ohne Verstellmöglichkeit auskommt. Bei abgenommener Zieleinrichtung ermöglicht eine Visierschiene das rasche Erfassen sich bewegender Ziele.

Technische Daten:
Kaliber: 5,56 mm (Pfeilmunition)
Funktion: Gasdrucklader, wahlweise Einzel- oder Dauerfeuer
Länge: 765 mm
Gewicht: 3,23 kg
Lauf: Glattlauf
Magazin: Stangenmagazin für 24 Patronen
Mündungsgeschwindigkeit: 1 495 Meter pro Sekunde

Steyr ACR mit abgenommener (oben) und aufgesetzter Zieleinrichtung (unten). Laut Bericht des amerikanischen Heeres nach Abschluß der Erprobungen war das ACR von allen eingereichten Mustern die »unkomplizierteste Waffe mit dem günstigsten Preis-/Leistungsverhältnis«.

STEYR SSG 69

Hersteller: Steyr-Mannlicher GmbH, Steyr

Das *SSG 69* (Scharfschützengewehr 69) war die erste moderne militärische Langwaffe von Steyr, wobei der Begriff »modern« in diesem Zusammenhang etwas eingeschränkt werden muß. Zu Beginn der 60er Jahre, als die meisten Armeen sich mit Schnellfeuergewehren bestückt hatten, mußten sie häufig feststellen, daß diese Waffen nicht über die notwendige Präzision verfügten, um sie als Scharfschützengewehre einsetzen zu können. In der Regel übernahmen Ordonnanz-Repetiergewehre aus Altbeständen diese Rolle. Doch viele dieser Veteranen waren veraltet und nutzten rasch ab. Bei Steyr-Mannlicher erkannte man diese Marktnische und brachte ein neues Repetiergewehr mit Zylinderverschluß auf den Markt.

Das *SSG 69* wurde 1969 zunächst vom österreichischen Bundesheer und in der Folge von mehreren anderen Streitkräften und Polizeien eingeführt. Sein Drehzylinder-Verschluß war zwar durchaus konventionell, allerdings fand eine neuartige, bei Steyr entwickelte Kammer mit sechs hintenliegenden Verriegelungswarzen Verwendung. Rein theoretisch ist die hintenliegende Abstützung eines Zylinderverschlusses der Präzision einer Waffe nicht eben zuträglich, da eine gewisse Druckverspannung der Kammer bei der Schußabgabe nicht ausgeschlossen werden kann. Bei Steyr scheint man dieses Problem durch eine entsprechende Verschraubung des Laufes mit der Systemhülse in den Griff bekommen zu haben. Der Präzisionslauf wird kalt gehämmert. Beim Magazin griff man auf das 1887 erstmals verwendete Schönauer-Trommelmagazin zurück, das in verbesserter Form im 1903 eingeführten Mannlicher-Ordonnanzgewehr (beim griechischen Heer) sowie in vielen jagdlichen Mannlicher-Schönauer-Repetierern Verwendung fand. Die Rückwand des Magazins besteht aus durchsichtigem Kunststoff, so daß der Schütze mit einem Blick feststellen kann, wieviele Patronen sich im Magazin befinden. Anstelle des Trommelmagazins kann auch ein 10-Schuß-Kastenmagazin verwendet werden.

Der Schaft des *SSG 69* besteht aus schlagfestem Kunststoff. Nachdem zuvor Kunststoffe lediglich zur Fertigung der Schulterstütze oder des Handschutzes verwendet worden waren, wurde beim *SSG 69* erstmals der gesamte Schaft aus Kunststoff gefertigt, was sich als absolut brauchbar erwies. Zweifellos kamen die hierbei gemachten Erfahrungen später bei der Fertigung des AUG-Schaftes wieder zum Tragen. Steyr-Mannlicher bietet das *SSG 69* jedoch auch mit Holzschaft an.

Die Waffe wird serienmäßig mit einer V-Kimme und einem Balkenkorn ausgestattet, um notfalls ein Zielen über die offene Visierung zu ermöglichen. An Hülsenkopf und Hülsenbrücke befinden sich Ausfräsungen zur Aufnahme eines Montage-Gesteckes. Gewöhnlich wird das Kahles-

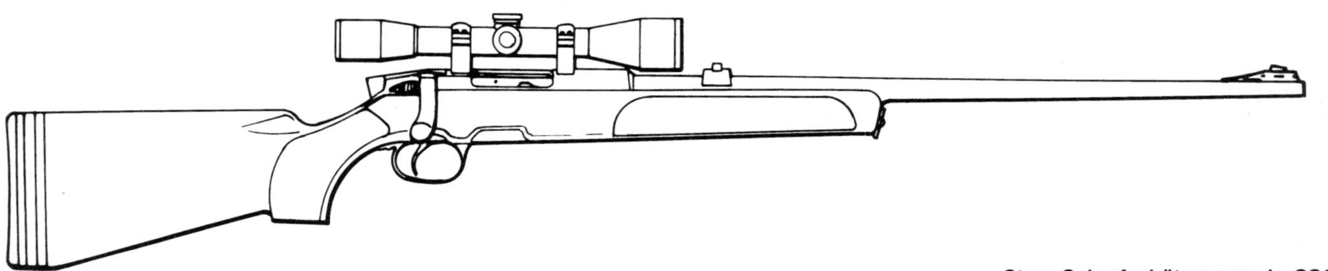

Steyr-Scharfschützengewehr SSG 69

Zielfernrohr *ZF 69* mit sechsfacher Vergrößerung aufgesetzt. Es verfügt über eine auf die NATO-Patrone abgestimmte Absehenverstellung, mit der es sich auf Schußentfernungen bis zu 800 Meter einstellen läßt.

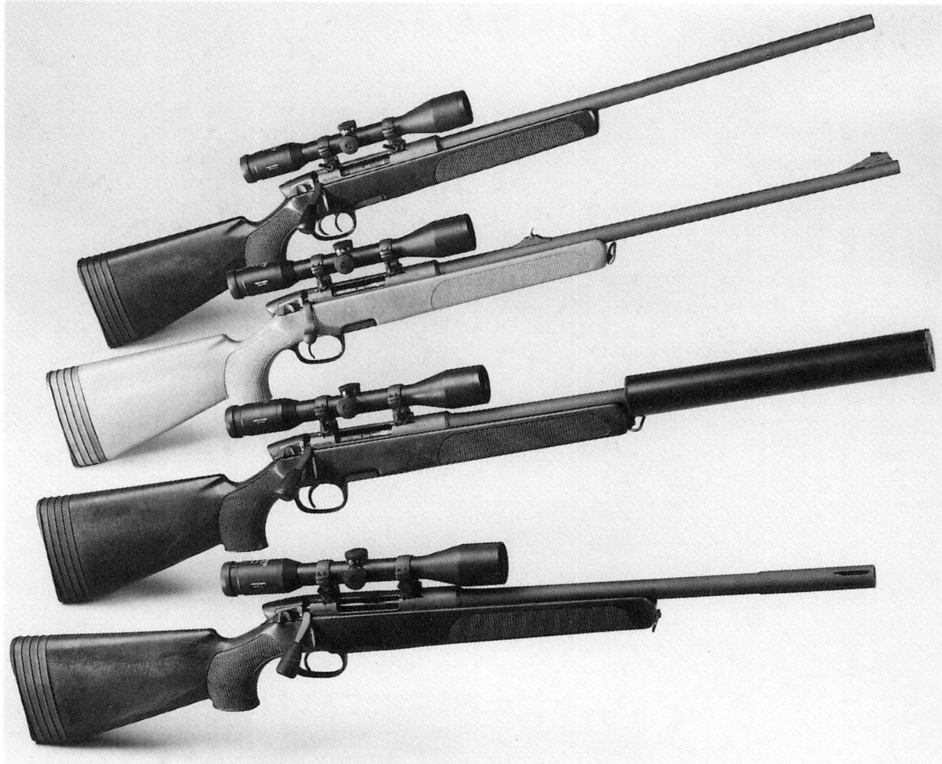

Verschiedene Ausführungen des SSG 69. Von oben nach unten: Jagdliches Modell mit Doppelzüngel-Stecher; Standardmodell mit offener Visierung; schallgedämpfte Ausführung mit integriertem Schalldämpfer; Sondermodell mit kürzerem Lauf und integriertem Mündungsfeuerdämpfer.

Technische Daten:
Kaliber: 7,62 mm X 51 (.308 Winchester)
Funktion: Repetierer mit Drehzylinder-Verschluß
Länge: 1140 mm
Gewicht, ungeladen: 3,90 Kg
Lauf: 650 mm, 4 Züge, Rechtsdrall
Magazin: Trommelmagazin für 5 oder Kastenmagazin für 10 Patronen
Mündungsgeschwindigkeit: 860 Meter pro Sekunde

Hersteller: Steyr-Mannlicher GmbH, Steyr

Dieses 1989 erstmals vorgestellte »Antimaterial«-Gewehr befindet sich derzeit (1994/95) noch immer in der abschließenden Erprobung. Als schweres Weitschuß-Präzisionsgewehr, eingerichtet zum Verschießen speziell entwickelter Munition, ist es gedacht zur Bekämpfung empfindlicher Hartziele. Es läßt sich in zwei Hauptteile zerlegen, die je ein Mann tragen kann. Das zugrunde liegende Konzept geht von der Vorstellung aus, daß die Waffe von weit hinter den gegnerischen Linien operierenden Jagdkommandos zum Einsatz gebracht wird, die dort in verhältnismäßig sicherer Entfernung zu einem Feldflugplatz, einem Verkehrsknotenpunkt, einer Radar-Station, einem Treibstofflager oder einem anderen wichtigen und verwundbaren Zielobjekt Stellung beziehen und durch Abgabe weniger Schüsse dem Gegner erheblichen Materialschaden zufügen. Das Gewehr könnte dann zurückgelassen werden, während das Jagdkommando sich zu den eigenen Linien durchschlägt. Die Ausschaltung von einem halben Dutzend moderner Kampfflugzeuge mit dem Verlust eines Gewehres zu bezahlen, ist sicherlich leicht zu verkraften.

Das *AMR* ist ein halbautomatischer Rückstoßlader mit langem Rohrrücklauf, das heißt: der Rücklaufweg ist größer als die Patronenlänge. Rohr bzw. Lauf und Verschluß sind starr miteinander verriegelt. Bei der Schußabgabe laufen Verschluß und Lauf zusammen etwa 25 cm zurück. Danach wird die Verriegelung aufgehoben und der Verschluß in hinterster Stellung gefangen, während der Lauf sich nach vorne in seine Ausgangsstellung bewegt. Während des Vorlaufes wird die Patronenhülse ausgezogen und ausgeworfen. Sobald der Lauf zur Ruhe gekommen ist, wird die Verschlußsperre selbsttätig aufgehoben und der Verschluß freigegeben. Bei dessen Vorlauf wird eine neue Patrone zugeführt und die Verriegelung wiederhergestellt.

Die Patrone enthält ein schweres Pfeilgeschoß (sog. *Flechette*) aus Metall mit einem wesentlich kleineren Durchmesser als das Laufkaliber von 14,5 cm. Diesen Pfeil umgibt ein Treibspiegel aus Kunststoff. Der Druck der Pulvergase treibt den gasdicht an der glatten Laufwandung anliegenden Treibspiegel mit Pfeilgeschoß aus dem Lauf. Nach Verlassen der Mündung weitet sich der

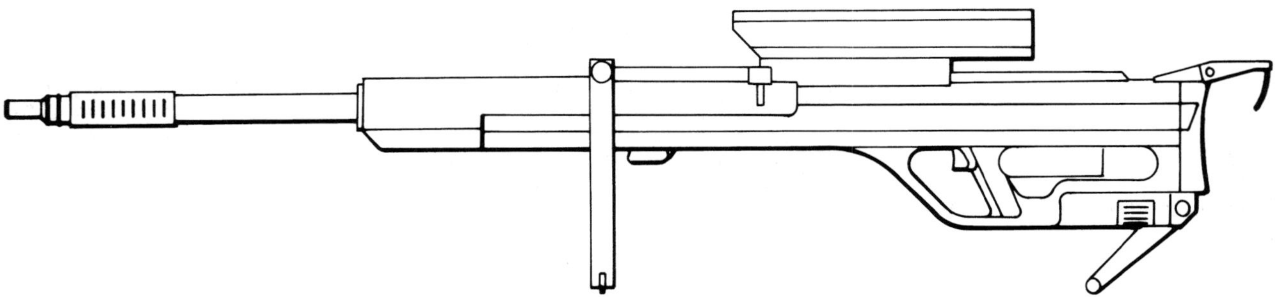

Steyr AMR (Anti-Material Rifle) – linke Seitenansicht.

Spiegel auf und wird infolge des Luftwiderstandes vom Geschoß abgestreift. Es setzt seinen Weg flügelstabilisiert mit so hoher Geschwindigkeit fort, daß es noch auf 1000 Meter Entfernung 4 cm dicke Panzerstahlplatten durchschlagen kann.
Der Lauf wird in einer zylindrischen Hülse geführt. Sie enthält ein hydropneumatisches Bremssystem, wie es in ähnlicher Form bei Geschützen Verwendung findet. Es dämpft den Rückschlag und bewirkt, daß der Lauf nach der Schußabgabe in seine Ausgangsstellung zurückkehrt. Der Rückschlag auf die Schulter des Schützen ist deshalb nicht stärker als der einer Großwildbüchse. Ein Zielfernrohr mit zehnfacher Vergrößerung wird serienmäßig auf die Waffe montiert.
Die derzeitigen Entwicklungsarbeiten zielen darauf ab, das *AMR* mit einem gezogenen Lauf – so daß ein breites Spektrum herkömmlicher Munition Verwendung finden könnte – sowie einer Dauerfeuer-Einrichtung auszustatten.

Das Steyr AMR, das zur Bekämpfung von Hartzielen auf große Entfernungen eingesetzt werden soll, hat – je nach Beschaffenheit des Zieles – eine wirksame Reichweite von bis zu 2 000 Meter. Zum Transport läßt es sich mühelos in zwei Traglasten zerlegen. Die gewaltige Mündungsbremse und der zylinderförmige Rückstoßdämpfer um den Lauf dämpfen den Rückstoß auf das Niveau einer Großwildbüchse ab.

Technische Daten:
Kaliber: 14,5 mm
Funktion: halbautomatischer Rückstoßlader mit langem Rücklauf
Gewicht: 20 kg
Länge: 2,0 m
Lauf: 1,20 m, keine Züge und Felder
Magazin: Stangenmagazin für 5 Patronen
Mündungsgeschwindigkeit: 1 500 Meter pro Sekunde

STURMGEWEHR 57 (StGw. 57) SCHWEIZ

Hersteller: Schweizerische Industrie-Gesellschaft,
Neuhausen am Rheinfall

Die Schweizerische Industrie-Gesellschaft (SIG) fertigte bereits 1869 Gewehre für die schweizer Armee und hat zwischenzeitlich eine ganze Reihe von Maschinenpistolen, Maschinengewehren und erstklassigen Selbstladepistolen entwickelt und produziert. Da man im Hause SIG stets bemüht war, auf dem neuesten Stand der Waffentechnik zu bleiben, wurden nach 1945 einige der während des Krieges entstandenen Waffenentwicklungen eingehend analysiert. Dazu gehörte auch das deutsche *Sturmgewehr 45*, an dessen Entwicklung Mauser-Ingenieure gearbeitet hatten. In dieser Waffe fand ein ungewöhnlicher Rollenverschluß Verwendung. SIG-Konstrukteure griffen dieses Verschlußkonzept auf und entwickelten es weiter. Unter Verwendung des ausgereiften Verschlusses entstand ein Schnellfeuergewehr, das der schweizer Armee angeboten und 1957 als *Sturmgewehr 57* eingeführt wurde. Obwohl es seit 1990 nach und nach durch das Sturmgewehr 90 im Kaliber 5,56 mm X 45 ersetzt wird, gehört das *StGw. 57* noch immer zur Ausrüstung der schweizer Armee, hauptsächlich deren Reservisten.

Augenfälligstes Merkmal des *StGw. 57* ist seine geradlinige Formgebung. Im Gegensatz zu einem nach unten abgewinkelten Kolben bei Waffen herkömmlicher Bauweise eignet sich die geradlinig angeordnete Schulterstütze besser zur Abgabe von Feuerstößen. Die in Verlängerung der Laufseelenachse wirkenden Rückstoßkräfte bewirken ein Hochschlagen der Mündung. Die nicht abgesenkte Schulterstütze des *StGw. 57* überträgt den Rückstoß geradlinig auf die Schulter des Schützen, wodurch sich die Waffe besser beherrschen läßt.

Der zweiteilige Verschluß des *StGw. 57* mit zwei beweglich gelagerten Stützrollen erinnert an den Verschluß des deutschen *G 3*. Der Rückstoßimpuls wird über den Verschlußkopf direkt auf die Stützrollen übertragen. Bedingt durch zwei Kurven im Gehäuse ist jede Rückwärtsbewegung des Verschlußkopfes zwangsläufig mit einer Einwärtsbewegung der Stützrollen verbunden. Da ein Teil der Rückdruckkräfte sich direkt auf das Gehäuse überträgt, bestand das schweizerische Militär auf einer besonders robusten Bauweise des *StGw. 57,* woraus sich das verhältnismäßig hohe Gewicht der Waffe ergab. Dem Druck der Stützrollen kann das keilförmige Steuerstück nur nach hinten nachgeben. Da es starr mit dem Verschlußträger verbunden ist, wird dessen Rücklauf beschleunigt. Zusätzlich beschleunigt

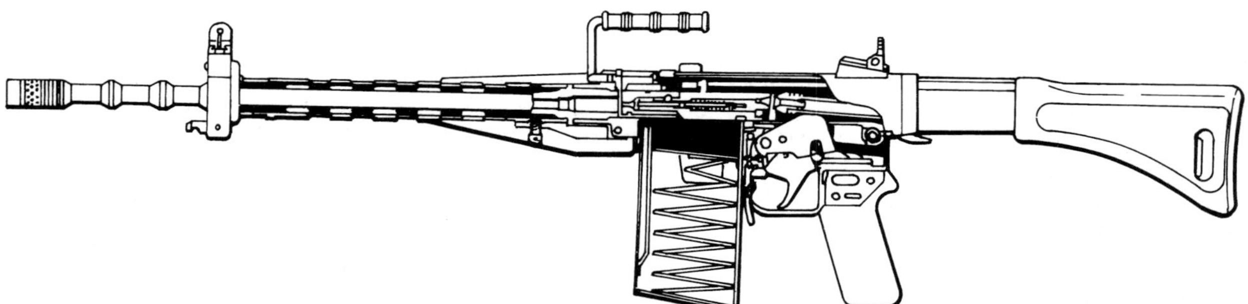

Sturmgewehr 57 – Schnittzeichnung.

SG 510-4 – hier abgebildet mit abgeklapptem Tragegriff und Zweibein in Vorderunterstützung. Unter anderem orderte Chile die schweizer Waffe.

wird der Rücklauf des Verschlußträgers durch den Druck der Pulvergase, die vorbei an der Hülse durch zwei über die gesamte Länge des Patronenlagers verlaufende Rillen und zwei Bohrungen im Verschlußkopf strömen und auf die Stirnfläche des Verschlußträgers wirken. Diese Übersetzung bewirkt, daß der Rücklauf des Verschlußkopfes so lange verzögert wird, bis das Geschoß die Laufmündung verlassen hat und der Gasdruck abgefallen ist. Sind die Stützrollen vollständig nach innen getreten, ist die Übersetzung aufgehoben und Verschlußkopf und Verschlußträger laufen gemeinsam zurück.

Das *StGw. 57* läßt sich mit einem anklappbaren Zweibein austatten. Damit kann die Waffe im gezielten Einzelschuß oder bei der Abgabe von Feuerstößen besser im Ziel gehalten werden, jedoch wird gleichzeitig der Abstand vom Auflagepunkt zur Visierlinie (Feuerhöhe) vergrößert.

Technische Daten:
Kaliber: 7,5 mm X 55 M 11
Funktion: Rückstoßlader, beweglich abgestützter Rollenverschluß, wahlweise Einzel- oder Dauerfeuer
Länge: 1 105 mm
Gewicht: 5,70 kg
Lauf: 583 mm, 4 Züge, Rechtsdrall
Magazin: Stangenmagazin für 24 Patronen
Feuergeschwindigkeit: 450 bis 500 Schuß pro Minute
Mündungsgeschwindigkeit: 760 Meter pro Sekunde

Hersteller: Schweizerische Industrie-Gesellschaft,
Neuhausen am Rheinfall
(Modell-Varianten: SG 510-1, SG 510-2, SG 510-3, SG 510-4)

Zu Beginn der 50er Jahre entwickelte SIG ein Schnellfeuergewehr mit der firmeninternen Bezeichnung *AM 55*, das die schweizer Armee dann als *Sturmgewehr 57* einführte (siehe vorhergehendes Kapitel). Da sich die NATO-Staaten um diese Zeit zur Einführung der Patrone 7,62 mm X 51 entschlossen, sah man bei SIG einen Exportmarkt für das *Stgw. 57* im Kaliber 7,62 mm X 51. In der Folge wurde eine ganze Reihe von Modell-Varianten der nunmehr als Schnellfeuergewehr *SIG SG 510* bezeichneten Waffe entwickelt.

Neben dem Schnellfeuergewehr *SG 510-1,* eingerichtet zum Verschießen der schweizer Ordonnanzpatrone 7,5 mm X 55 M 11, umfaßt die Baureihe u.a. eine in Leichtmetallbauweise gefertigte, gewichtsreduzierte Version *SG 510-2.* Die Ausführung *SG 510-3* war die erste in einem westlichen Land gefertigte Waffe, die für die sowjetische Kurzpatrone 7,62 mm X 39 eingerichtet wurde. Eine zum Verschießen der NATO-Standarpatrone 7,62 mm X 51 eingerichtete Ausführung *SG 510-4* wurde auch in einer halbautomatischen Version mit der Bezeichnung *AMT* gefertigt, die hauptsächlich für den Export in die USA vorgesehen war. Obwohl das *SG 510* und seine Varianten von der Fachwelt als hervorragende Waffen beurteilt wurden, blieb SIG der erhoffte kommerzielle Erfolg – vermutlich wegen des hohen Stückpreises – versagt. Lediglich Chile und Bolivien beschafften größere Stückzahlen des *SG 510-4.*

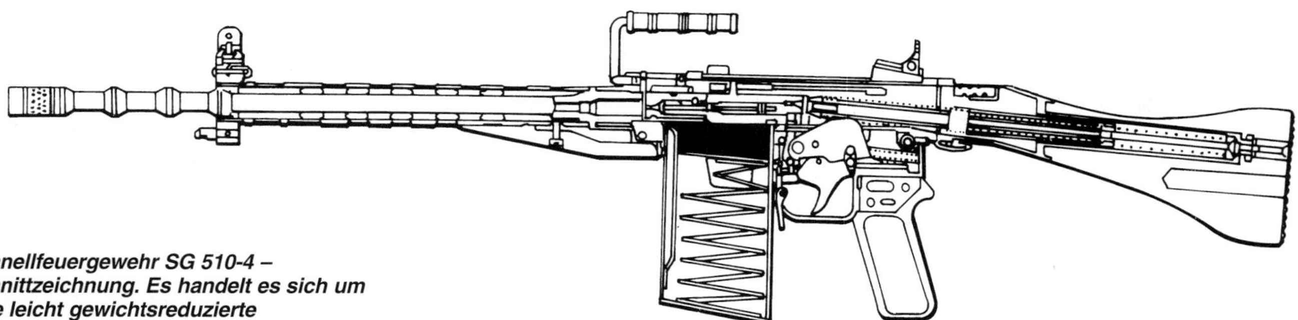

Schnellfeuergewehr SG 510-4 – Schnittzeichnung. Es handelt es sich um eine leicht gewichtsreduzierte Exportversion des StGw. 57 für das Kaliber 7,62 mm X 51.

Die in Leichtbauweise gefertigte Version SG 510-2 ohne Zweibein und ohne Tragegriff.

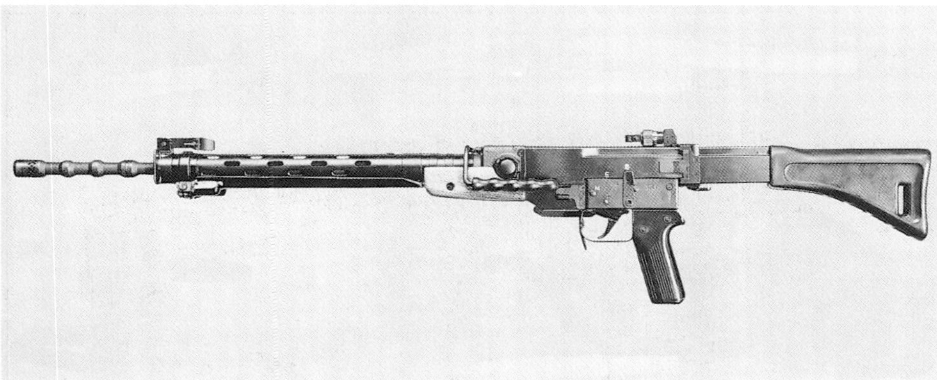

Die für das NATO-Kaliber 7,62 mm X 51 eingerichtete Version SG 510-4; Visiereinrichtung, Tragegriff und Zweibein angeklappt.

Technische Daten (SG 510-4):
Kaliber: 7,62 mm X 51 (.308 Winchester)
Funktion: Rückstoßlader, beweglich abgestützter Rollenverschluß, wahlweise Einzel- oder Dauerfeuer
Länge: 1016 mm
Gewicht: 4,25 kg
Lauf: 505 mm, 4 Züge, Rechtsdrall
Magazin: Stangenmagazin für 20 Patronen
Feuergeschwindigkeit: 500 bis 650 Schuß pro Minute
Mündungsgeschwindigkeit: 790 Meter pro Sekunde

SCHNELLFEUERGEWEHR SG 550 (StGw. 90) SCHWEIZ

Hersteller: Schweizerische Industrie-Gesellschaft,
Neuhausen am Rheinfall
(Modell-Varianten: SG 551, SG 550 SP, SG 551 SP)

Nachdem das Schnellfeuergewehr-Projekt *SG 510* abgeschlossen war, begann SIG mit der Entwicklung einer neuen Waffengeneration. Dem Trend der Zeit folgend, konstruierte man eine Waffe im Kaliber 5,56 mm X 45 – das Schnellfeuergewehr *SG 540*. Es wurde in Zusammenarbeit mit dem französischen Unternehmen Manurhin (Manufacture de Machines du Haut-Rhin, Mühlhausen) ab 1973 in Serie gefertigt und weltweit exportiert. Ende der 70er Jahre forderte die schweizer Armee ein neues Ordonnanzgewehr im Kaliber 5,56 mm X 45. SIG stellte daraufhin eine neue, auf dem *SG 540* basierende Waffe mit der Bezeichnung *SG 550* vor, die 1981 zusammen mit einem von der Eidgenössischen Waffenfabrik Bern entwickelten Muster einem einjährigen Truppenversuch unterzogen wurde. Die zuständigen Behörden entschieden sich für das SIG-Gewehr; 1983 wurde die Einführung des *SG 550* unter der Bezeichnung *Sturmgewehr 90* beschlossen.
Vom Konstruktionsprinzip des Rückstoßladers mit beweglich abgestütztem Rollenverschluß, dem Konzept des *SG 510*, waren die SIG-Konstrukteure zwischenzeitlich abgerückt. Sie bauten das *SG 550* als Gasdrucklader mit starr verriegeltem Drehkopfverschluß.
Die Drehbewegung des Verschlußkopfes steuert eine Kurve im Verschlußträger. Die Gasdruckeinrichtung liegt über dem Lauf. Die in einem Rohr geführte Gaskolbenstange ist über den Spanngriff, der als Steckverbindung dient, mit dem Verschlußträger verbunden. Die Schließfeder ist deshalb nicht – wie sonst üblich – hinter dem Verschluß (bzw. ober- oder unterhalb) angeordnet: Eine die Gaskolbenstange umschließende Feder wirkt gleichzeitig als Vorholfeder für den Gaskolben und als Schließfeder für den Verschluß. Das Rohr, in dem die Gaskolbenstange geführt wird, schützt die Feder vor übermäßiger Erwärmung und einem – sich daraus ergebenden – vorzeitigen Verschleiß. Die Abzugseinrichtung gestattet über einen Feuerwahlhebel, der gleichzeitig als Sicherungshebel dient, die wahlweise Abgabe von Einzel- oder Dauerfeuer sowie von 3-Schuß-Feuerstößen. Das Gehäuse der Magazine besteht aus durchsichtigem Kunststoff, so daß der Schütze auf einen Blick feststellen kann, wieviele Patronen sich im Magazin befinden. Mittels seitlich an den Wandungen angebrachter Steckverbindungen lassen sich bis zu drei Magazine zu einer Einheit zusammenzusetzen. Ein beliebiges Magazin dieser Einheit kann an die Waffe angesteckt werden. Schulterstütze und Handschutz bestehen aus hochschlagfesten Kunststoffen. Die Schulterstütze läßt sich seitlich umklappen. Das

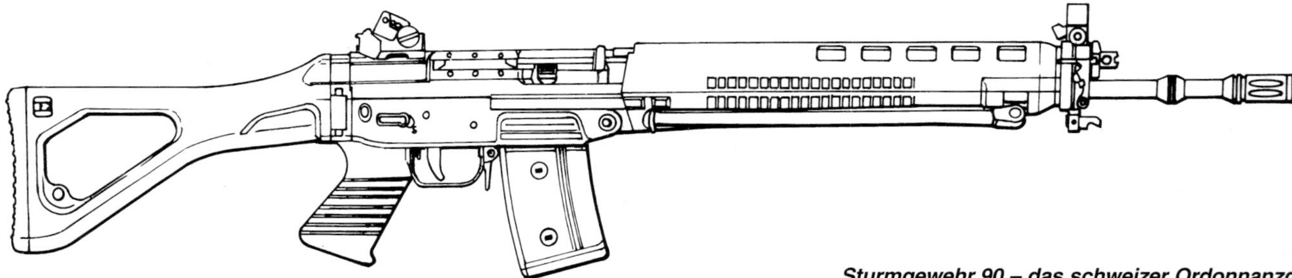

Sturmgewehr 90 – das schweizer Ordonnanzgewehr.

Sturmgewehr 90 verfügt über ein klappbares Zweibein an der Unterseite des Handschutzes. Die offene Visierung besteht aus einem seitenverstellbaren Trommelvisier mit Diopterbohrungen für die verschiedenen Schußentfernungen und einem höhenverstellbaren Korn mit Korntunnel. Leuchtelemente an Visier und Korn ermöglichen das Zielen bei ungünstigen Lichtverhältnissen. Prismenschienen am Gehäuse erlauben die Montage eines Nachtzielgeräts oder eines Zielfernrohrs.
Eine verkürzte, ansonsten baugleiche Version des *SG 550* wird als *SG 551* mit einer Lauflänge von 372 mm geliefert. Bei den Modellen *SG 550 SP* und *SG 551 SP* handelt es sich um halbautomatische Ausführungen des *SG 550* und des *SG 551* für den zivilen Markt.

Sturmgewehr 90, anstelle der herkömmlichen offenen Visierung versuchsweise mit einem elektronischen Leuchtpunkt-Visier ausgestattet.

SG 550 mit Reinigungsgerät, Ersatzmagazin und Trageriemen.

Technische Daten (SG 550):
Kaliber: 5,56 mm X 45
Funktion: Gasdrucklader, wahlweise Einzel-, Stoß-, oder Dauerfeuer
Länge: 998 mm (Kolben abgeklappt); 772 mm (Kolben angeklappt)
Gewicht: 4,10 kg
Lauf: 528 mm, 6 Züge, Rechtsdrall
Magazin: Stangenmagazin für 20 oder für 30 Patronen
Feuergeschwindigkeit: 700 Schuß pro Minute
Mündungsgeschwindigkeit: 995 Meter pro Sekunde

SR 88 STURMGEWEHR

Hersteller: Chartered Firearms Industries Pte. Ltd.

Das Sturmgewehr *SR 88* stellt im wesentlichen eine deutlich verbesserte Version des von der staatlichen Firma CIS (Chartered Industries of Singapore Pte. Ltd.) gefertigten Schnellfeuergewehrs *SAR 80* dar. Das Gehäuse-Unterteil, das die Abzugs- und Schlageinrichtung aufnimmt, wird nicht mehr aus gestanzten Blechteilen, sondern aus einer Aluminium-Legierung gefertigt. Wie das Vorgängermodell ist das *SR 88* ein Gasdrucklader mit Drehkopfverschluß. Gaskolben, Gasregler und Führungsrohr sind verchromt, wodurch verhindert wird, daß sich unverbrannte Pulverrückstände an diesen Teilen festsetzen können. Der kaltgehämmerte Lauf mit verchromtem Patronenlager ist in das Gehäuse-Oberteil gesteckt und wird durch eine Überwurfmutter befestigt. Dies erleichtert das Einlegen eines neuen Laufes und erübrigt ein Vermessen und Justieren des Verschlußabstandes (wie beim *M 16* und *Beretta 70/90*). Die Widerlager für die Verriegelungswarzen am Verschlußkopf befinden sich in einer rückwärtigen Verlängerung des Laufes. Da die Rückdruckenergie somit vom Lauf aufgenommen wird, ist es möglich, das Gehäuse zur Gewichtsreduzierung in Leichtbauweise herzustellen. Das amerikanische Granatabschußgerät *M 203* im Kaliber 40 mm kann problemlos an die Waffe montiert werden.

Die Abzugseinrichtung gestattet die Abgabe von Einzel- oder Dauerfeuer sowie von 3-Schuß-Feuerstößen. Der Schlagbolzen wird durch eine Feder in seiner hintersten Position festgelegt. Dadurch wird verhindert, daß bei einem Stoß oder Schlag auf die Waffe die Spitze des Schlagbolzens ungewollt auf das Zündhütchen einer Patrone im Patronenlager trifft. Der Spannhebel an der rechten Gehäuseseite dient gleichzeitig als Schließhilfe und gestattet das lautlose Verriegeln des Verschlusses.

Der fest angebrachte Kolben besteht aus glasfaserverstärktem Nylon. Die Waffe kann auf Wunsch mit einer Schulterstütze aus Metall geliefert werden, die sich seitlich an das Gehäuse anklappen läßt.

Eine kurzläufige Karabinerversion des *SR 88* ist ebenfalls sowohl mit festem Kolben als auch mit klappbarer Schulterstütze lieferbar. Beide Ausführungen sind mit einem höhen- und seitenverstellbaren Visier ausgestattet. Leuchtelemente ermöglichen ein Zielen auch bei ungünstigen Lichtverhältnissen. Eine Prismenschiene auf der Gehäuseoberseite erlaubt die Montage eines Zielfernrohres oder eines Nachtsichtgerätes.

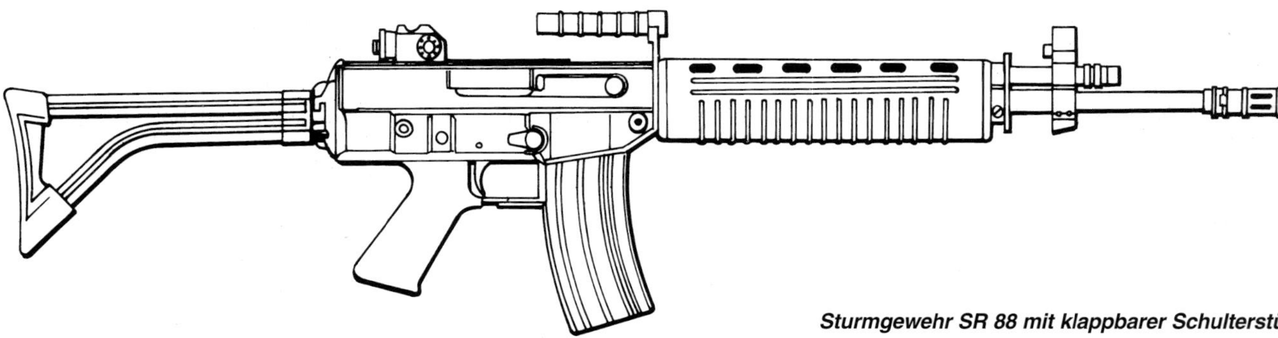

Sturmgewehr SR 88 mit klappbarer Schulterstütze.

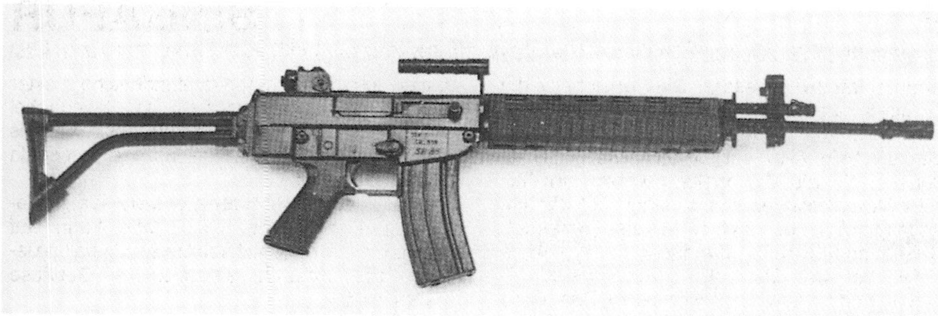

Das SR 88 mit abgeklappter Schulterstütze, oben die Gewehrversion, unten die kurzläufige Ausführung.

Technische Daten:
Kaliber: 5,56 mm X 45 (.223 Remington)
Funktion: Gasdrucklader, wahlweise Einzel-, Stoß- oder Dauerfeuer
Länge: 970 mm
Gewicht: 3,66 kg
Lauf: 459 mm, 6 Züge, Rechtsdrall
Magazin: Stangenmagazin für 20 oder 30 Patronen
Feuergeschwindigkeit: 750 Schuß pro Minute
Mündungsgeschwindigkeit: 970 Meter pro Sekunde

Hersteller: Staatliche Waffenfabriken

Sergej Gawrilowitsch Simonow hatte bereits ein Schnellfeuergewehr sowie eine Panzerbüchse, die 1936 bzw. 1941 bei der Roten Armee eingeführt wurden, konstruiert, als der Rußlandfeldzug begann. Er experimentierte gerade mit kurzhülsigen Patronen, als ihn der deutsche Vormarsch zwang, die Entwicklungsarbeiten vorübergehend einzustellen. Nachdem auf deutscher Seite die Pistolenpatrone 43 (7,92 mm X 33) zum Einsatz kam, wurden die Arbeiten wieder aufgenommen. Sie führten zur Entwicklung der Kurzpatrone 7,62 mm X 39 M 1943. Simonow erhielt weiter den Auftrag, eine brauchbare Selbstladewaffe für diese Patrone zu konstruieren.
Eine Vorserie des neuen *Simonow-Selbstladekarabiners* ging bereits im Juni 1944 in die Truppenerprobung, die Waffe wurde aber erst 1949 mit der Bezeichnung *SKS 45 (Samosarjadnij karabin Simonowa obr. 1945)* eingeführt. Im Verlauf der nächsten zehn Jahre wurde er nach und nach vom Kalaschnikow-Sturmgewehr *AK 47* und dessen Versionen als Ordonnanzwaffe abgelöst. Als Repräsentationswaffe von Ehrenwachen und Ehrenformationen sowie bei Reserve-Einheiten blieb er weiterhin in Dienst und wurde noch längere Zeit in verschiedenen Staaten – darunter die ehemalige DDR, China, Nord-Korea und das ehemalige Jugoslawien – gefertigt. Daß er so lange in Gebrauch blieb, verdankt der *SKS 45*-Selbstladekarabiner vermutlich seiner robusten Konstruktion, seiner einfachen Funktionsweise sowie seiner unkomplizierten Handhabung und Wartung.
Ausgehend von den Erfahrungen mit seiner Panzerbüchse *Modell PTRS* übernahm Simonow bei der Konstruktion des *SKS 45* deren Verschlußsystem. Bei dem aus Verschlußstück und Gleitstück bestehenden Verschluß liegt ein Verriegelungsansatz am Verschlußstück vor einem Stützriegel im Gehäuse. Das Gleitstück legt ihn in dieser Stellung fest. Bei der Schußabgabe strömt ein Teil der Pulvergase durch die Gasentnahmebohrung in die Gasdruckeinrichtung über dem Lauf. Der Druck der Pulvergase wirft die Gaskolbenstange zurück und drückt das Gleitstück nach hinten. Über Steuerkurven im Gleitstück wird der Verschluß angehoben, der Verriegelungsansatz tritt aus seinem Widerlager aus und die Verriegelung ist aufgehoben. Gegen den Druck der Schließfeder laufen Gleitstück und Verschlußstück gemeinsam weiter zurück, wobei die Hülse ausgezogen und

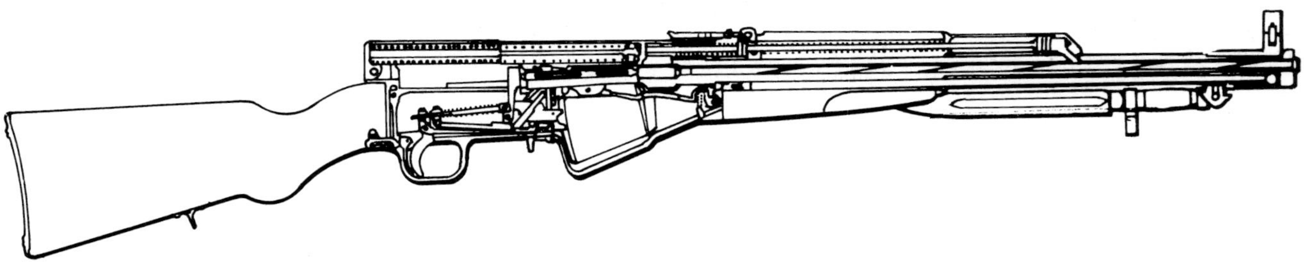

Selbstladekarabiner Simonow SKS 45 – Schnittzeichnung.

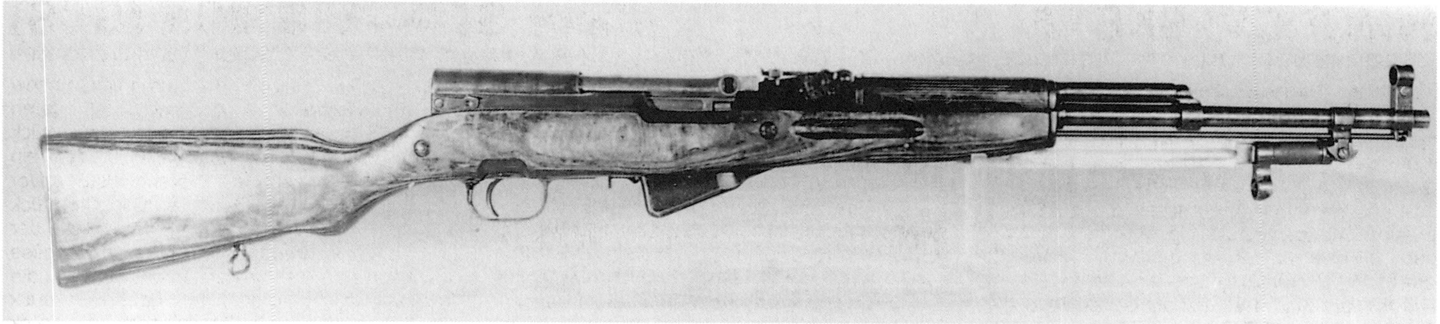

Im Selbstladekarabiner SKS 45 – hier abgebildet mit angeklapptem Bajonett – wurde erstmals die sowjetische Kurzpatrone 7,62 mm X 39 M 1943 verwendet.

ausgeworfen und der Schlaghebel gespannt wird. Das fest eingebaute Magazin faßt zehn Patronen. Sie werden bei geöffnetem Verschluß von oben eingeführt (Ladestreifen). Der Magazinboden läßt sich zum Entladen der Waffe nach unten abschwenken. Die Waffe ist mit einem klappbaren Messerbajonett ausgestattet, das nahe der Mündung befestigt ist.

Technische Daten:
Kaliber: 7,62 mm X 39 M 43
Funktion: Gasdrucklader, halbautomatisch
Länge: 1 022 mm
Gewicht: 3,86 kg
Lauf: 520 mm, 4 Züge, Rechtsdrall
Magazin: integriertes Mittelschaftmagazin für 10 Patronen
Mündungsgeschwindigkeit: 735 Meter pro Sekunde

KALASCHNIKOW AK 47 ehem. SOWJETUNION (GUS)

Hersteller: Staatliche Waffenfabriken (Modell-Varianten: AKS 47, AKM, AKMS)

Das von Michail Timofejewitsch Kalaschnikow konstruierte Sturmgewehr *Awtomat Kalaschnikowa*, eingerichtet für die russische Kurzpatrone 7,62 mm X 39, wurde nach eingehenden Erprobungen 1947 zur Serienfertigung freigegeben. 1949 führten es die sowjetischen Streitkräfte mit der Bezeichnung *AK 47* ein. Zunächst war vorgesehen, lediglich die Maschinenpistolen *PPsh 41* und *PPS 43* im Kaliber 7,62 mm X 25 durch das *AK 47* zu ersetzen und den Simonow-Karabiner *SKS 45* als Standardgewehr beizubehalten. Da sich das *AK 47* als robuste und zuverlässige Waffe erwies und auf mittlere Entfernungen über die erforderliche Trefferleistung verfügte, dabei zudem billig in der Herstellung war, löste es jedoch bald den *SKS*-Karabiner ab und übernahm dessen Rolle als Standardwaffe – zunächst bei den Sowjets, später in sämtlichen Streitkräften des Warschauer Paktes. Die damalige UdSSR lieferte das *AK 47* in immensen Stückzahlen an befreundete Staaten und an eine Reihe von Guerilla-Organisationen. Schätzungsweise wurden etwa 20 bis 30 Millionen Kalaschnikow-Sturmgewehre produziert. Damit gehört das *AK 47* mit seinen Abarten zweifellos zu den am weitesten verbreiteten Gewehren aller Zeiten. Das *AK 47* ist ein Gasdrucklader mit starr verriegeltem Drehkopfverschluß. Die Gasdruckeinrichtung, bestehend aus Gasentnahmeblock, Gaskolben und Führungsrohr, liegt über dem Lauf. Ungewöhnlicherweise wurde der Gaskolben am Verschlußträger befestigt. Beim Rücklauf des Verschlusses werden die Verriegelungswarzen am Verschlußkopf aus ihren Widerlagern gedreht und der Schlaghebel gespannt. Ein griffgünstig rechts am Gehäuse angebrachter Feuerwahlhebel dient gleichzeitig als Sicherungshebel. Ist die Waffe gesichert, wird der Verschluß durch den Hebel in seiner vorderen Stellung festgelegt. Er läßt sich allerdings noch so weit öffnen, daß überprüft werden kann, ob sich eine Patrone im Patronenlager befindet. Die Standardversion des *AK 47* ist mit einem festen Kolben aus Holz ausgestattet, während sich die Metall-Schulterstütze des *AKS 47* an die Unterseite der Waffe anklappen läßt. Seit 1959 wird das Kalaschnikow-Sturmgewehr in modifizierten Versionen gefertigt: das Modell *AKM* mit einem festen Kolben aus Holz oder Kunststoff, das Modell *AKMS* mit einer klappbaren Schulterstütze aus Metall. Das Gehäuse wird nicht mehr aus einem Gußrohling gefräst, sondern aus gestanzten Blechteilen gefertigt –

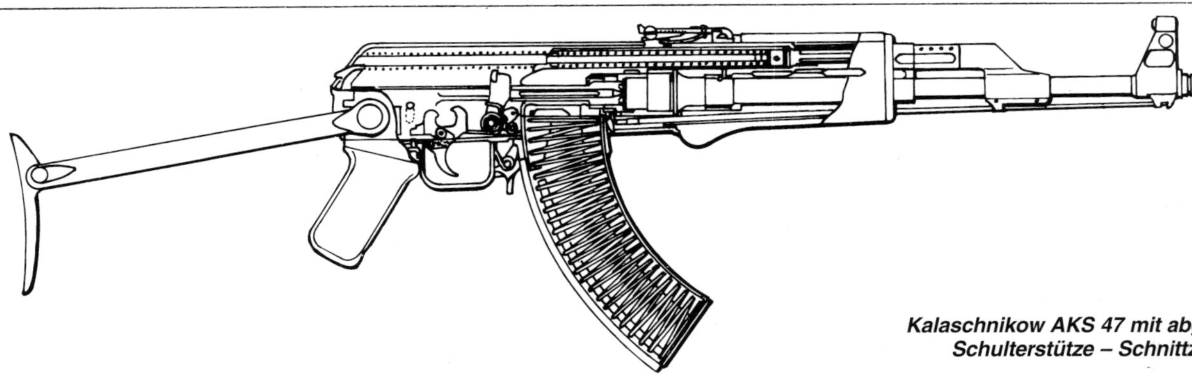

Kalaschnikow AKS 47 mit abgeklappter Schulterstütze – Schnittzeichnung.

äußerlich erkennbar an den Versteifungsrippen im Gehäusedeckel. Durch den Einsatz der Blechprägetechnik ist eine kostengünstigere Fertigung möglich und das Gewicht der Waffe wurde reduziert. Abzugseinrichtung, Gasdruckeinrichtung und Handschutz wurden ebenfalls geringfügig geändert, um die Handhabungssicherheit und die Robustheit der Waffe zu erhöhen.

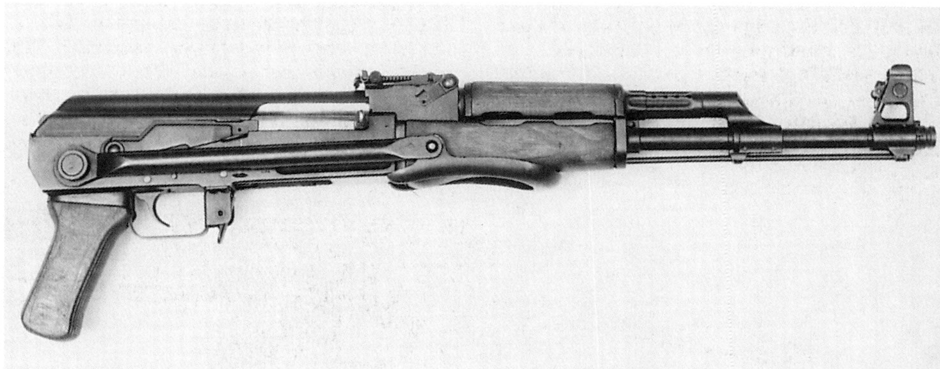

Zwei Ausführungen des Kalaschnikow-Sturmgewehrs: Oben ein AKM mit angestecktem Magazin, unten ein AKS 47 mit angeklappter Schulterstütze.

Technische Daten (AKM):
Kaliber: 7,62 mm X 39
Funktion: Gasdrucklader, wahlweise Einzel- oder Dauerfeuer
Länge: 876 mm
Gewicht: 3,15 kg
Lauf: 414 mm, 4 Züge, Rechtsdrall
Magazin: Stangenmagazin für 30 Patronen
Feuergeschwindigkeit: 600 Schuß pro Minute
Mündungsgeschwindigkeit: 715 Meter pro Sekunde

Hersteller: Staatliche Waffenfabriken (Modell-Varianten: AKS 74, AKS 74 U)

Mit der Einführung des Kalibers 5,56 mm X 45 in den 60er Jahren leiteten die USA eine neue Entwicklung in Richtung der sogenannten Mikro-Kaliber ein. Es war zu vermuten, daß die Konstrukteure in der damaligen Sowjetunion dieser Tendenz folgen würden. Es war bekannt, daß sie seit langem mit Patronen mit kurzer Hülsenlänge und kleinkalibrigen Geschossen experimentierten und daß eine Ausführung des Sturmgewehrs *AK 47* im Kaliber .22 lfB vorlag. Bei der Parade zum Jahrestag der Oktoberrevolution 1974 marschierten die Abordnungen der Luftlandetruppen mit einer bis dahin unbekannten Waffe vorbei.

Von Experten aus dem Kreis der offiziellen Beobachter wurde diese Waffe als Sturmgewehr Kalaschnikow *AK 74* identifiziert, einer Weiterentwicklung des seit 1949 eingeführten Sturmgewehrs Kalaschnikow *AK 47* beziehungsweise dessen seit 1959 gefertigten Versionen *AKM* und *AKMS*.

Das Sturmgewehr *AK 74* hat einen festen Kolben aus Holz oder Kunststoff. Die – weitaus häufiger anzutreffende – Version *AKS 74* verfügt über eine Metallschulterstütze, die sich linksseitig anklappen läßt. Die bei den Vorläufermodellen gebräuchliche Schulterstütze wurde an die Unterseite des Gehäuses angeklappt.

Die Waffe ist eingerichtet für die Patrone 5,45 X 39, die leistungsmäßig weitgehend der Patrone 5,56 X 45 entspricht. In bezug auf Konstruktionsprinzip und Funktionsweise ist das *AK 74* identisch mit den Waffen der Modellreihen *AK 47* und *AKM*. Allerdings wurde der Verschlußkopf dem geringeren Patronenboden-Durchmesser angepaßt, das Gewicht des Verschlusses verringert und Schließfeder, Auszieher und Schlagbolzen entsprechend modifiziert. Das Patronenlager und der gezogene Teil des Laufes sind verchromt. Charakteristisches Merkmal des *AK 74/AKS 74* ist die 80 mm lange zylindrische Mündungsbremse, die nach den Grundsätzen der Strömungslehre konstruiert wurde. Bei der Schußabgabe strömt ein Teil der Pulvergase durch drei Gasaustrittsbohrungen – eine an der rechten, zwei auf der Oberseite der Mündungsbremse – und stabilisiert die Lage der Laufmündung. Dadurch läßt sich die Waffe im

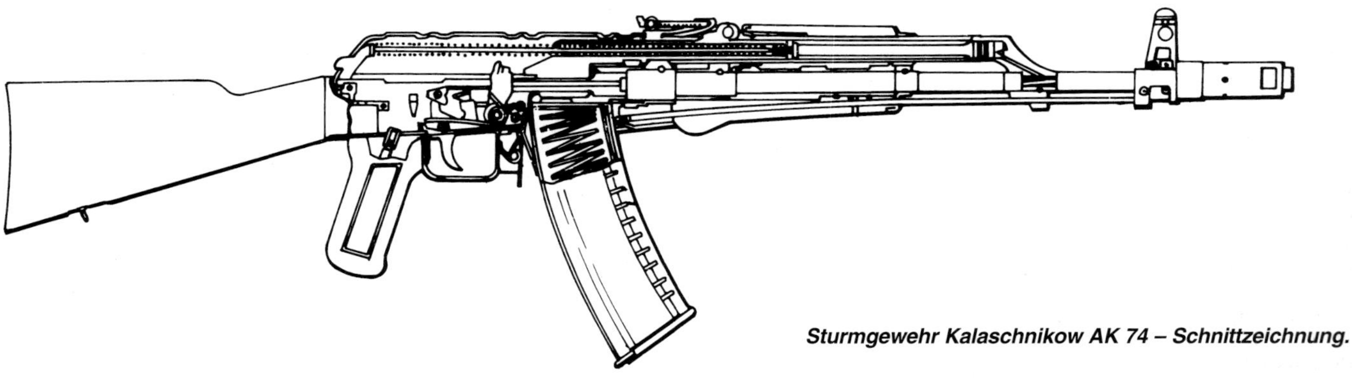

Sturmgewehr Kalaschnikow AK 74 – Schnittzeichnung.

Sturmgewehr AK 74 mit seiner charakteristischen Mündungsbremse – neben dem Plastikmagazin deutliches Unterscheidungsmerkmal zum Vorläufermodell Kalaschnikow AKM.

Dauerfeuer leicht im Ziel halten. Die Reste der Pulvergase treffen auf eine Prallfläche an der Stirnseite der Mündungsbremse und werden durch zwei große Öffnungen nach der Seite abgeleitet. Hierdurch werden sowohl Mündungsknall und Mündungsfeuer gedämpft als auch der Rückstoß vermindert. Eine Maschinenpistolen-Version mit der Bezeichnung *AKS 74 U* mit einer Lauflänge von lediglich 200 mm ist mit einer Expansionskammer zur Reduzierung des Gasdrucks und einem trichterförmigen Mündungsfeuerdämpfer ausgestattet.

Waffen der Baureihe *AK 74* gehören zwischenzeitlich zur Standardbewaffnung der GUS-Streitkräfte und haben das Modell *AKM* – auch in anderen ehemaligen Ostblockstaaten – abgelöst. China, Rumänien und Bulgarien entwickelten jeweils eigene Modell-Varianten, darunter Versionen im Kaliber 5,56 mm X 45, vermutlich für den Export in Länder der westlichen Welt.

Technische Daten:
Kaliber: 5,45 mm X 39
Funktion: Gasdrucklader, wahlweise Einzel- oder Dauerfeuer
Länge: 930 mm
Gewicht: 3,60 kg
Lauf: 400 mm, 4 Züge, Rechtsdrall
Magazin: Stangenmagazin für 30 Patronen
Feuergeschwindigkeit: 650 Schuß pro Minute
Mündungsgeschwindigkeit: 900 Meter pro Sekunde

CETME MODELL L

Hersteller: Empresa Nacional »Santa Barbara« Madrid
Modell-Variante: Modell LC

Unmittelbar nach dem II. Weltkrieg übersiedelten mehrere deutsche Konstrukteure und Techniker nach Spanien. Einige von ihnen, darunter der Ingenieur Ludwig Vorgrimler, fanden ein neues Betätigungsfeld bei der 1949 von der spanischen Regierung eingerichteten staatlichen Forschungs- und Entwicklungsstelle für Wehrmaterial CETME (Centro de Estudios Tecnicos de Materiales Especiales). Als CETME den Auftrag erhielt, ein modernes Gewehr für die spanischen Streitkräfte zu entwickeln, griff man dort auf eine während des II. Weltkrieges unter Mitwirkung von Ludwig Vorgrimler bei Mauser in Oberndorf entstandene Konstruktion zurück. Sie war firmenintern als *Gerät 06-H* bezeichnet worden und sollte unter der Bezeichnung *Sturmgewehr 45 M* das *Sturmgewehr 44* ablösen. Der Krieg endete jedoch, bevor die Produktion dieser Waffe, die ebenso wie das *StGw 44* zum Verschießen der Pistolenpatrone 43 (7,92 mm X 33) eingerichtet war, aufgenommen werden konnte. Ein wesentliches Konstruktionsmerkmal dieses Rückstoßladers war der Verschlußkopf mit zwei Stützrollen, den ein Steuerstück flexibel mit dem Verschlußträger verband. Beim Vorlauf des Verschlusses wurden die beiden Stützrollen durch das Steuerstück aus dem Verschlußkopf heraus in zwei Ausnehmungen im Kurvenstück am hinteren Ende des Laufes gedrückt. Bei der Schußabgabe wirkte der Rückdruck über den Verschlußkopf auf die Stützrollen in den Ausnehmungen im Kurvenstück und auf die Schrägflächen des Steuerstücks. Erst wenn die durch Reibungskräfte verzögerten Stützrollen sich in den Verschlußkopf zurückgezogen hatten, konnte der Verschluß zurücklaufen. Die Verzögerung wurde so lange aufrechterhalten, bis das Geschoß den Lauf verlassen hatte und der Gasdruck im Lauf abgefallen war. Diese Verschlußkonstruktion wurde bei CETME weiter verbessert und später bei Heckler & Koch

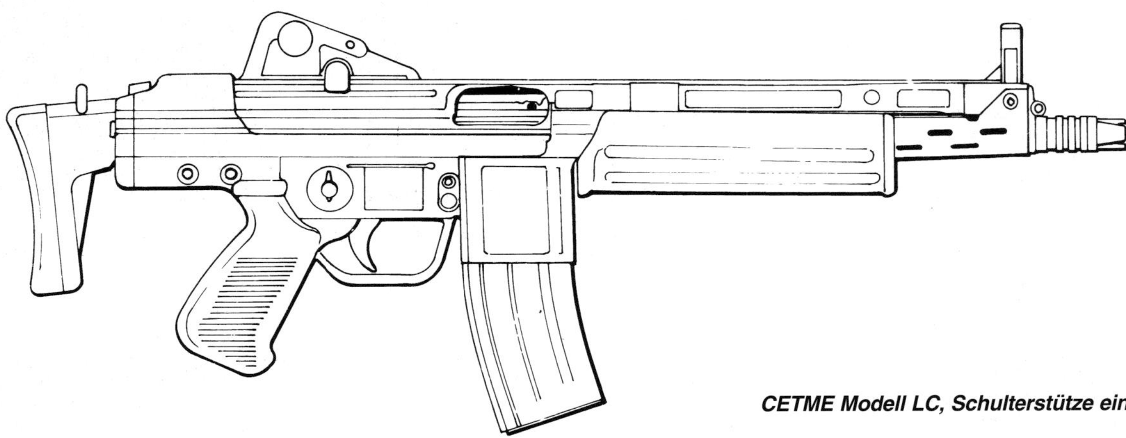

CETME Modell LC, Schulterstütze eingeschoben.

perfektioniert. Durch Abänderung der Winkel des pfeilförmigen Steuerstückes gelang es den CETME-Konstrukteuren, den Verschluß in mehreren Gewehrkonstruktionen zu verwenden, die für die Patrone 7,62 mm X 51 eingerichtet waren. Die erste dieser Waffen war das Schnellfeuergewehr *CETME Modell A,* dessen Serienproduktion 1956 begann. Es wurde aufgrund verschiedener Mängel vom verbesserten *CETME Modell B* abgelöst. Das Muster *CETME Modell C* führten die spanischen Streitkräfte schließlich 1964 als Ordonnanzgewehr ein.

Als sich die Spanier 1970 zur Einführung des Kalibers 5,56 mm X 45 entschlossen, wurde das *Modell C* unter Beibehaltung der Grundkonstruktion weiterentwickelt zum Schnellfeuergewehr *CETME Modell L.* Sein aus vergütetem Stahlblech im Prägeverfahren hergestelltes Gehäuse zeigt einen rechteckigen Querschnitt. Zwei in Längsrichtung verlaufende Sicken führen den Verschluß. Das Kurvenstück mit den Ausnehmungen für die Stützrollen ist mit dem Gehäuse verschweißt. In das Kurvenstück ist der Lauf eingepreßt und mit einem Stift gesichert. Die Schaftteile – Handschutz, Pistolengriff und Kolben – bestehen aus schlagfestem Kunststoff. Für den Export bestimmte Waffen sind nicht nur zur Abgabe von Einzel- und Dauerfeuer eingerichtet, sondern außerdem mit einem impulsgesteuerten Schußzahlbegrenzer zur Abgabe von 3-Schuß-Feuerstößen ausgestattet. Die Waffe gestattet die Verwendung amerikanischer *M-16*-Magazine. Neben dem *Modell L* mit festem Kolben steht für Luftlande-Einheiten und für Besatzungen von Gefechtsfahrzeugen das *Modell LC* mit einer einschiebbaren Schulterstütze aus Stahl und einem kürzeren 320-mm-Lauf zur Verfügung. Die spanische Armee führte beide Modelle 1988 als Ordonnanzwaffen ein.

Angehöriger der spanischen Spezialeinheit GEO im Anschlag mit dem CETME Modell L mit aufgesetztem Zielfernrohr.

Technische Daten (Modell L):
Kaliber: 5,56 mm X 45 (.223 Remington)
Funktion: Rückstoßlader, beweglich abgestützter Rollenverschluß, wahlweise Einzel- oder Dauerfeuer
Länge: 925 mm
Gewicht: 3,40 kg
Lauf: 400 mm, 6 Züge, Rechtsdrall
Magazin: Stangenmagazin für 30 Patronen
Feuergeschwindigkeit: 700 Schuß pro Minute
Mündungsgeschwindigkeit: 875 Meter pro Sekunde

VZ 58

Hersteller: Ceszkoslovenska Zbrojowka, Uhersky Brod (Modell-Varianten: 58 P, 58 V, 58 Pi)

Mit Ausnahme der Tschechoslowakei hatten nahezu sämtliche Staaten des Warschauer Paktes ihre Streitkräfte mit dem Kalaschnikow-Sturmgewehr ausgerüstet. Die Tschechoslowakei, die bereits 1939 über eine leistungsfähige Waffenindustrie verfügte, setzte nach 1945 sofort alles daran, diesen Industriezweig wieder in Gang zu bringen. In der Folge wurden einige hervorragende Waffenkonstruktionen entwickelt und man entschied sich zur Einführung eines eigenen Sturmgewehrs anstelle des *Kalaschnikow.* Aufgrund der äußerlichen Ähnlichkeit wird das *VZ 58* häufig mit dem *AK (Awtomat Kalashnikow)* verwechselt, obwohl es sich um eine völlig andersartige Konstruktion handelt.

Das *VZ 58* ist ein Gasdrucklader, dessen Gasdruckeinrichtung über dem Lauf sitzt. Bei der Schußabgabe strömen Pulvergase durch eine Gasentnahmebohrung in den Gaszylinder und wirken auf einen Gaskolben. Dieser gibt einen Impuls an den Verschlußträger ab und bewirkt dessen Rücklauf. Die nicht zum Aufbau des Betriebsdrucks benötigten Pulvergase werden über Gasabzugsbohrungen ins Freie geleitet, sobald sie der Gaskolben beim Rücklauf passiert hat. Der im Verschlußträger gelagerte Verschluß ist mit dem Gehäuse über ein angelenktes Verriegelungsstück starr verriegelt. Nach einem Rücklauf des Verschlußträgers von etwa 22 Millimeter wird der Verschluß über die Entriegelungskurven im Verschlußträger angehoben, die Verriegelung wird aufgehoben und Verschluß und Verschlußträger setzen den Rücklauf gemeinsam fort. Beim weiteren Rücklauf wird die Hülse ausgezogen und das Schlagstück gespannt.

Unmittelbar vor Beendigung des Vorlaufs wird der Verschluß durch die Steuerkurven im Verschlußträger zu einer Abwärts-Kippbewegung gezwungen, wodurch die starre Verriegelung hergestellt wird.

Die Standardausführung mit fest angebrachter Schulterstütze – zunächst aus Holz, seit etwa 1960 aus Kunststoff – trägt die Bezeichnung

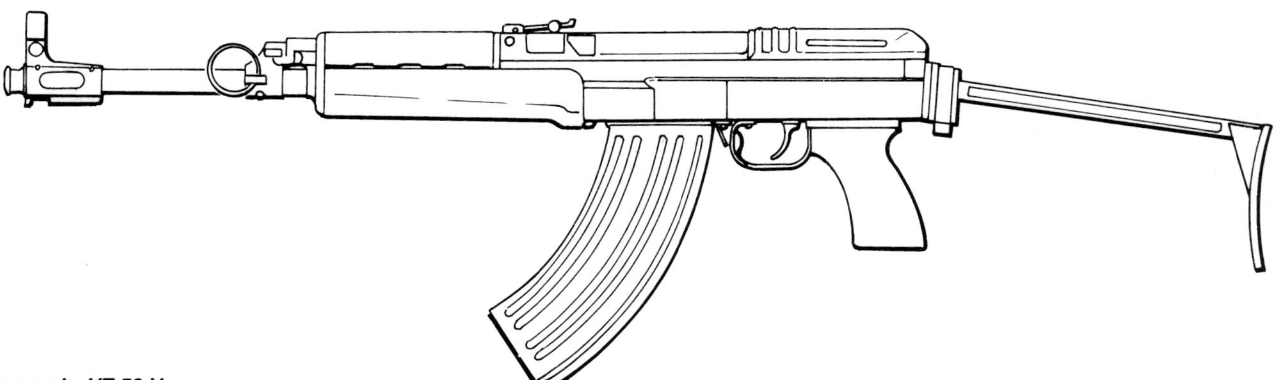

Sturmgewehr VZ 58 V

Diese Aufnahme eines VZ 58 V veranschaulicht die äußere Ähnlichkeit mit dem russischen Kalaschnikow-Gewehr.

VZ 58 P. Eine baugleiche Version, jedoch mit einer seitlich an das Gehäuse anklappbaren Schulterstütze aus Metall, wird als *VZ 58 V* bezeichnet. Eine weitere Version der Standardausführung, die an der rechten Gehäuseseite über eine Montage-Vorrichtung für ein Nachtzielgerät sowie über ein Zweibein und einen Mündungsfeuerdämpfer verfügt, trägt die Bezeichnung *VZ 58 Pi.*

Technische Daten:
Kaliber: 7,62 mm X 39 (tschechische Patrone M 45 oder sowjetische Patrone M 43)
Funktion: Gasdrucklader, wahlweise Einzel- oder Dauerfeuer
Länge: 843 mm
Gewicht: 3,11 kg
Lauf: 400 mm, 4 Züge, Rechtsdrall
Magazin: Stangenmagazin für 30 Patronen
Feuergeschwindigkeit: 800 Schuß pro Minute
Mündungsgeschwindigkeit: 710 Meter pro Sekunde

US CARBINE M 1 USA

Hersteller: Winchester Repeating Arms Co. und verschiedene andere Erzeuger (Modell-Varianten: M 1 A1, M 2, M 3)

1938 erhob das Heer der USA die Forderung nach einer Schulterwaffe, die als persönliche Verteidigungswaffe zur Bewaffnung von Funktionspersonal geeignet war. Dieses Ansinnen wurde zwar zunächst verworfen, kam aber 1940 erneut zur Sprache und verschiedene Hersteller griffen den Vorschlag auf. Nachdem eine geeignete Patrone entwickelt worden war, wurden im Mai 1941 Erprobungen mit elf unterschiedlichen Versuchsmustern durchgeführt.
Zufälligerweise war man bei Winchester gerade dabei, ein handliches Selbstladegewehr für den zivilen Markt zu entwickeln; nach Vornahme einiger baulicher Veränderungen zur Erfüllung des militärischen Anforderungskatalogs wurde es im September 1941 als *Carbine M 1* eingeführt. Der Verschlußmechanismus funktioniert ähnlich wie der des Gewehrs *Garand M 1*, seine Gasdruckeinrichtung – der erste Impulsgaskolben mit kurzem Hub in einer Ordonnanzwaffe – unterscheidet sich jedoch erheblich von diesem. Der Impulskolben wirkt auf eine Gaskolbenstange, die ähnlich wie beim *Garand M1* über ein Verbindungsstück (mit Steuerkurve) mit dem Verschluß verbunden ist. Bei der Schußabgabe strömen Pulvergase durch eine Gasentnahmebohrung in die Gasdruckeinrichtung. Der kurzhubige Gaskolben gibt einen Impuls an die Gaskolbenstange ab, der ausreicht, die Gaskolbenstange zurückzuwerfen und den Drehverschluß zu öffnen.
Als Verteidigungswaffe oder für den Nahkampf war dieser Karabiner durchaus brauchbar, das Geschoß der daraus verfeuerten Patrone – kaum mehr als ein Pistolengeschoß – war jedoch auf Entfernungen von mehr als etwa 120 Meter weder ausreichend präzise noch verfügte es über die erforderliche Aufhaltekraft. Allerdings war der Karabiner leicht und handlich und wurde zu einer beliebten Waffe, von der zahlreiche Herstellerfirmen insgesamt mehrere Millionen Exemplare fertigten.
Bereits kurze Zeit nach Einführung des Grundmodells wurde das Muster *M 1 A1* eingeführt. Es war mit einer anklappbaren Metallschulterstütze ausgestattet und für Luftlande-Truppen gedacht. Die Forderung nach einer Dauerfeuer-Einrichtung führte zur Einführung des *Carbine M 2.* Abgesehen von einer Vorrichtung am Abzugsmechanismus, die in Verbindung mit einem Umschalthebel die wahlweise Abgabe von Einzel- oder Dauerfeuer gestattete, entsprach diese Waffe dem Modell *M 1.* Gleichzeitig wurde

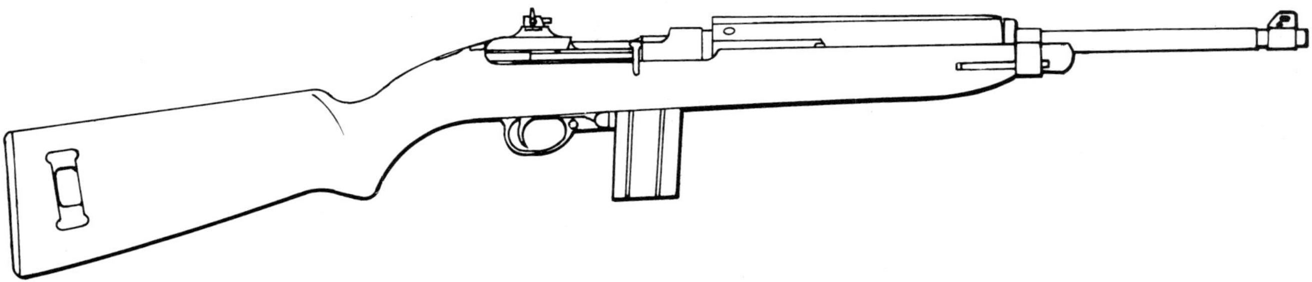

US Carbine M 1.

Der Karabiner M 1 war bei den Soldaten sämtlicher Waffengattungen und Truppenteile trotz seiner Unzulänglichkeiten recht beliebt. Zwischen 1941 und 1945 stellte die US-Rüstungsindustrie über sechs Millionen Exemplare her. Nach dem Krieg wurden für den zivilen Markt Tausende kommerzieller Varianten nachgebaut.

zusätzlich zum bisher verwendeten 15-Schuß-Magazin ein gebogenes Magazin für 30 Patronen eingeführt. Der *Carbine M 3* schließlich war eine Version des Modells *M 2,* eingerichtet zur Aufnahme eines 1944 entwickelten Infrarot-Zielgeräts.

Technische Daten:
Kaliber: .30 Carbine (7,62 mm X 33)
Funktion (M 1): Gasdrucklader, Drehverschluß
Länge: 905 mm
Gewicht: 2,48 kg
Lauf: 457 mm, 4 Züge, Rechtsdrall
Magazin: Stangenmagazin für 15 oder 30 Patronen
Feuergeschwindigkeit: 750 Schuß pro Minute (nur M 2 und M 3)
Mündungsgeschwindigkeit: 593 Meter pro Sekunde

RUGER MINI 14 USA

Hersteller: Sturm, Ruger & Co., Southport, Connecticut
(Modell-Varianten: Ranch Rifle, Mini 30, Mini 14/20 GB, AC 556, AC 556 F)

Dieses 1973 vorgestellte Gewehr, das rein äußerlich an den US Karabiner *.30 M 1*, das Gewehr *Garand M 1* und das Schnellfeuergewehr *M 14* erinnert, war einer der ersten auf dem zivilen Markt erhältlichen Halbautomaten, die für die Patrone 5,56 mm X 45 (.223 Remington) eingerichtet waren. Die Konstrukteure hatten sich ohne Zweifel an den genannten historischen Vorbildern orientiert – dem Funktionsprinzip nach ist auch das *Mini 14* ein Gasdrucklader mit starr verriegeltem Drehverschluß. Bei näherer Betrachtung der Gasdruckeinrichtung werden die Unterschiede jedoch augenfällig. So wirken die Pulvergase, die bei der Schußabgabe durch eine Bohrung im vorderen Drittel des Laufes in den Gasentnahmeblock strömen, nicht auf einen Impulsgaskolben, sondern direkt auf die Gaskolbenstange, die über Steuerkurven den Verschluß betätigt. Im röhrenförmigen Ende der Gaskolbenstange, das die Gasdüse am Gasentnahmeblock umschließt, wird nur die Gasmenge gestaut, die benötigt wird, um den Verschluß zu entriegeln und zurückzuwerfen. Die Restgasmenge wird freigesetzt. Dadurch läßt sich die Waffe auch bei rascher Schußfolge verhältnismäßig mühelos im Ziel halten.
Obwohl das *Mini 14* ursprünglich als Jagd- und Sportwaffe lediglich auf dem zivilen Markt angeboten werden sollte, wurde es aufgrund seiner kompakten und robusten Bauweise auch von den Polizeien und den Streitkräften verschiedener Staaten eingeführt.
In der Folge wurden weitere Modell-Varianten entwickelt. Eine Version des *Mini 14,* dessen Verschlußgehäuse serienmäßig zur Aufnahme einer Zielfernrohrmontage vorbereitet ist, wird als *Ranch Rifle* bezeichnet. Wie das *Mini 14* ist diese Ausführung sowohl mit einem durchgehenden Holzschaft mit festem Kolben als auch mit einer klappbaren Schulterstütze lieferbar. Die als *Ranch Rifle* bezeichnete Ausführung mit festem Kolben, jedoch eingerichtet zum Verschießen der sowjetischen Patrone 7,62 mm X 39, heißt *Mini 30.* Beim *Mini 14/20 GB* handelt es sich um eine auf militärische Belange zugeschnittene Ausführung des herkömmlichen *Mini 14.* Dieses Modell erhält serienmäßig einen hitzebeständigen Handschutz aus Glasfiber-Material, einen Mündungsfeuerdämpfer sowie einem Kornsattel mit Kornschutzbacken, der gleichzeitig als Bajonetthalterung dient. Eine Variante des *Mini 14/20 GB,* die zur Abgabe von Feuerstößen und Dauerfeuer eingerichtet ist, trägt die Bezeichnung *AC 556.* Ein Feuerwahlhebel gestattet die Abgabe von Einzelfeuer, 3-Schuß-Feuerstößen oder Dauerfeuer bei einer theoretischen Feuergeschwindigkeit von etwa 750 Schuß pro Minute.

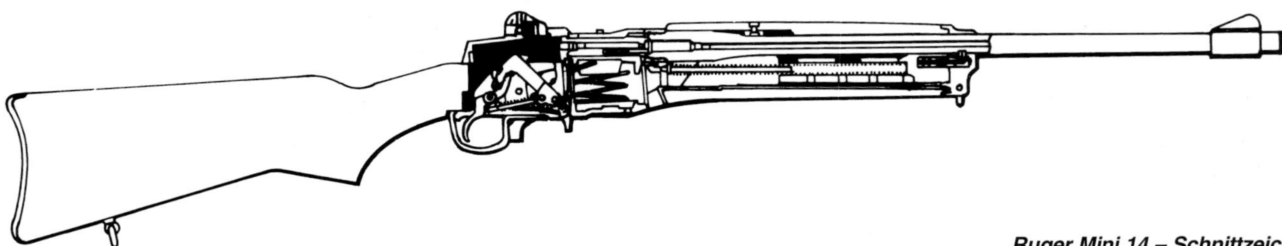

Ruger Mini 14 – Schnittzeichnung.

Die ebenfalls mit einem Feuerwahlhebel ausgestattete Kurzversion *AC 556 F* mit 330-mm-Lauf, Pistolengriff-Schaft und anklappbarer Schulterstütze ist als Waffe für Fahrzeugbesatzungen oder Luftlande-Soldaten gedacht, die über eine noch kompaktere Waffe als das *Mini 14* verfügen sollen.

Zwei Versionen des Ruger Mini 14 mit angestecktem Magazin für 30 Patronen. Oben: linke Seitenansicht; unten: rechte Seitenansicht – Röntgenschnitt.

Technische Daten:
Kaliber: 5,56 mm X 45 (.223 Remington)
Länge: 946 mm
Funktion: Gasdrucklader, Drehblockverschluß
Gewicht: 2,90 kg
Lauf: 470 mm, 6 Züge, Rechtsdrall
Magazin: Stangenmagazine für 5, 10, 20 oder 30 Patronen
Feuergeschwindigkeit: 750 Schuß pro Minute (AC 556 und AC 556 F)
Mündungsgeschwindigkeit: 1 005 Meter pro Sekunde

US RIFLE M 16 USA

Hersteller: Colt's Patent Firearms Mfg. Co., Hartford, Connecticut (Modell-Variante: M 16 A1)

Die sorgfältige Auswertung von Studien aus dem Korea-Krieg durch das Militärtechnische Forschungsamt (ORO – *Operational Research Office*) der USA hinsichtlich der Wirksamkeit von Gewehrfeuer führte schließlich zu einem Forschungsprojekt mit der Bezeichnung »Salvo« (Salve). Versuchsreihen dienten der Erforschung der Wirkung kleinkalibriger Geschosse, die im Feuerstoß abgegeben wurden. Aufgrund der Ergebnisse des *Salvo*-Projekts erteilte das amerikanische Heer der Firma ArmaLite, einem Tochterunternehmen der Fairchild Airplane and Engine Company, den Auftrag zur Entwicklung eines Ordonnanzgewehres im Kaliber .22 (5,56 mm). Aufgrund der Versuchsreihen und der ORO-Studien war man zu der Erkenntnis gelangt, daß ein kleinkalibriges Geschoß ebenso große Wirkung in Weichzielen entfalten konnte wie ein Geschoß größeren Kalibers, wobei das kleinere Kaliber einen geringeren Rückstoß und ein geringeres Waffengewicht mit sich brachte.
In der Folge entwickelte Eugene Stoner das Schnellfeuergewehr *ArmaLite AR 15* , das beim US-Heer auf beträchtlichen Widerstand stieß. Die US-Luftwaffe beschaffte sich dennoch rund 8 500 Exemplare, und 1963 führte das Heer die Waffe mit der Bezeichnung *US Rifle M 16* schließlich ein. Die in Vietnam gesammelten Einsatzerfahrungen führten zur Entwicklung einer modifizierten Version, die ab 1966 als *M 16 A1* zur Verfügung stand. Bei diesem verbesserten Modell ist an der rechten Gehäuseseite hinter dem Auswurffenster eine Schließhilfe angeordnet, die ein Verriegeln des Verschlusses von Hand bei verschmutzter Waffe ermöglicht.
Das *M 16* arbeitet als Gasdrucklader; die Pulvergase wirken jedoch nicht über einen Gaskolben auf den starr verriegelten Verschluß. Sie werden durch eine im vorderen Laufdrittel befindliche Gasentnahmebohrung und durch ein dünnes, über dem Lauf angeordnetes Rohr geleitet und wirken direkt auf den Verschlußträger. Beim Rücklauf des Verschlußträgers wird der im Verschlußträger drehbar gelagerte Verschlußkopf

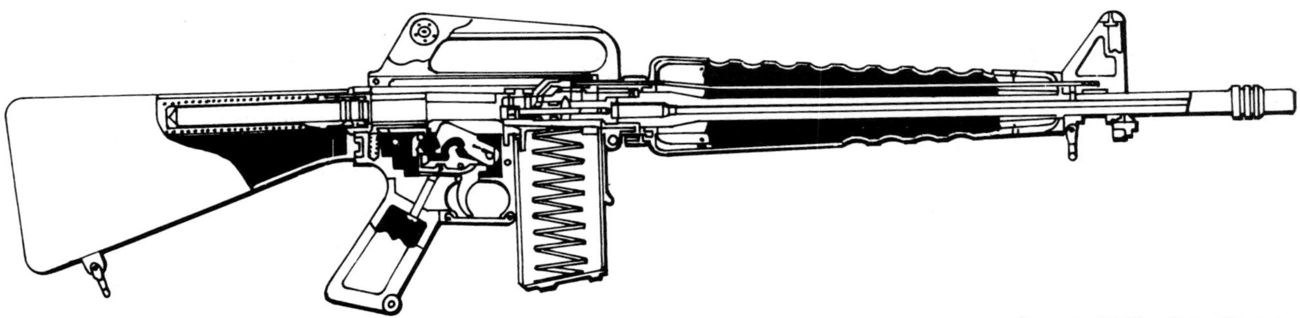

Gewehr M 16 – Schnittzeichnung

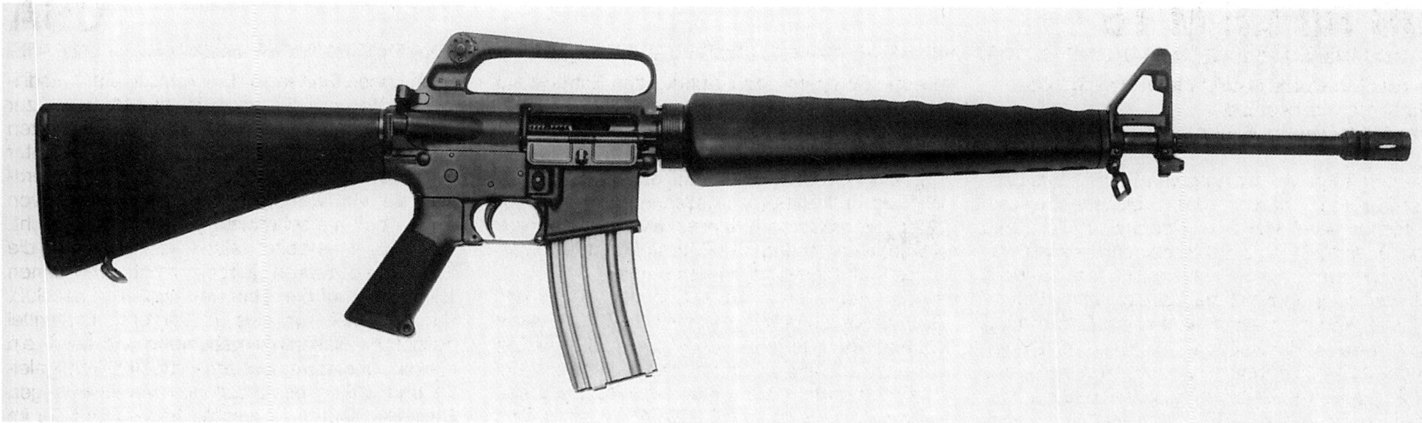

US Rifle M 16 A1 mit angestecktem Magazin für 30 Patronen. Diese Waffe trug erheblich zur Verbreitung der Sturmgewehre mit kleinkalibriger Munition bei und setzte einen Standard, an dem andere Sturmgewehr-Konstruktionen gemessen werden.

über eine Steuerkurve zu einer Drehbewegung gezwungen, die Verriegelungswarzen treten aus ihren Widerlagern am Laufmundstück aus und Verschlußträger und Verschlußkopf laufen gegen den Druck der Schließfeder gemeinsam zurück. Beim Vorlauf wird eine Patrone aus dem Magazin ausgestoßen und zugeführt. Ist die Patrone vollständig in das Patronenlager eingeführt, kommt zunächst der Verschlußkopf zum Stillstand. Der nacheilende Verschlußträger dreht den Verschlußkopf und die Verriegelungswarzen legen sich hinter die entsprechenden Widerlager. Bei leergeschossenem Magazin wird der Verschluß in hinterster Stellung gefangen. Der Schütze kann ihn durch Eindrücken des linksseitig über dem Magazinschacht angebrachten Verschlußfanghebels auslösen.

Die Funktion der Waffe basierte auf der zum Zeitpunkt ihrer Konstruktion parallel entwickelten Patrone mit einem spezifischen Treibladungspulver. Im Verlaufe des Vietnam-Krieges wurde die Zusammensetzung dieses Pulvers jedoch geändert, wodurch es aufgrund übermäßiger Schmauchablagerungen zu Funktionsstörungen kam. Patronenlager und Laufseele wurden daraufhin verchromt, die Kadenz durch Abänderung der Puffereinrichtung verringert, genaue Anweisungen für Reinigung und Pflege der Waffe und geeignetes Reinigungsgerät ausgegeben, worauf die Probleme mit dieser Waffe beseitigt waren.

Das *M 16* (und das *M 16 A1)* führten die Streitkräfte zahlreicher Staaten ein. Es wird in Singapur, Südkorea und auf den Philippinen in Lizenz gefertigt. Die US-Armee ersetzt es derzeit durch das Gewehr *M 16 A2*.

Technische Daten:
Kaliber: 5,56 mm X 45 (.223 Remington)
Funktion: Gasdrucklader, wahlweise Einzel- oder Dauerfeuer
Länge: 990 mm
Gewicht: 2,86 kg
Lauf: 508 mm, 6 Züge, Rechtsdrall
Magazin: Stangenmagazine für 20 oder für 30 Patronen
Feuergeschwindigkeit: 800 Schuß pro Minute
Mündungsgeschwindigkeit: ca. 1000 Meter pro Sekunde

US RIFLE M 16 A2

Hersteller: Colt's Manufacturing Co. Inc., Hartford, Connecticut

Zwischen 1977 und 1980 führten die NATO-Staaten eine lange Reihe von Versuchen durch, um sich auf eine Patrone festzulegen, die die bisherige NATO-Standardmunition 7,62 mm X 51 ersetzten sollte. Die amerikanische Patrone im Kaliber 5,56 mm X 45 (.223 Remington), wie sie aus dem Schnellfeuergewehr *M 16 A1* verfeuert wurde, war hoch favorisiert. Man entschied sich schließlich für eine Patrone im Kaliber 5,56 mm, jedoch mit einem neuen, in Belgien entwickelten Geschoß mit der Bezeichnung SS 109. Dieses war länger und schwerer als das amerikanische M-193-Geschoß, was eine andere Drall-Länge erforderlich machte. Somit sah sich das US-Heer vor die Wahl gestellt, entweder bei sämtlichen Gewehren *M 16 A1* die Läufe auszutauschen, oder sich ein neue Waffe zu beschaffen, die auf die belgische Patrone abgestimmt war. Man trat an die Firma Colt heran, die eine modifizierte Version des *M 16 A1* mit stärkerem Lauf und passender Drall-Länge vorlegte. Mit einigen zusätzlichen Modifikationen, die das Heer Colt zur Auflage gemacht hatte, wurde diese Waffe 1983 mit der Bezeichnung *US Rifle M 16 A2* eingeführt. Zwischenzeitlich hat sie das Schnellfeuergewehr *M 16 A1* bei den US-Streitkräften nahezu vollständig abgelöst.

Das *M 16 A2* unterscheidet sich schon rein äußerlich deutlich vom Vorläufermodell. Der Lauf ist stärker, allerdings nicht in gesamter Länge. Beim vom Handschutz umschlossenen Teil wurde der bisherige Außendurchmesser beibehalten, damit weiterhin die Möglichkeit zur Anbringung des Granatabschußgerätes *M 203* im Kaliber 40 mm X 46 besteht. Dennoch wurde eine Versteifung des Laufes, ein besseres Schwingungsverhalten und damit eine gegenüber dem *M 16 A1* gesteigerte Trefferleistung erreicht. Anstatt einer Drall-Länge von 305 mm (12 Zoll) wie beim *M 16 A1* hat der Lauf des *M 16 A2* eine Drall-Länge von 178 mm (7 Zoll). Anstelle einer Dauerfeuer-Einrichtung verfügt die Waffe über einen impulsgesteuerten Schußzahlbegrenzer, der nur noch die Abgabe von 3-Schuß-Feuerstößen gestattet und überlange Feuerstöße verhindert. Die Visiereinrichtung wurde verbessert und erlaubt eine Höhen- und Seitenverstellung ohne Werkzeug. Der modifizierte Mündungsfeuerdämpfer weist an seiner Unterseite keinen Gasaustritts-Schlitz mehr auf – um zu verhindern, daß im Liegendanschlag die austretenden Pulvergase Staub aufwirbeln oder die Waffe nach oben drücken.

An der rechten Gehäuseseite wurde hinter dem Auswurffenster ein Hülsenabweiser angebracht. Ausgeworfene Hülsen prallen daran ab und werden schräg nach vorne abgelenkt, um zu verhin-

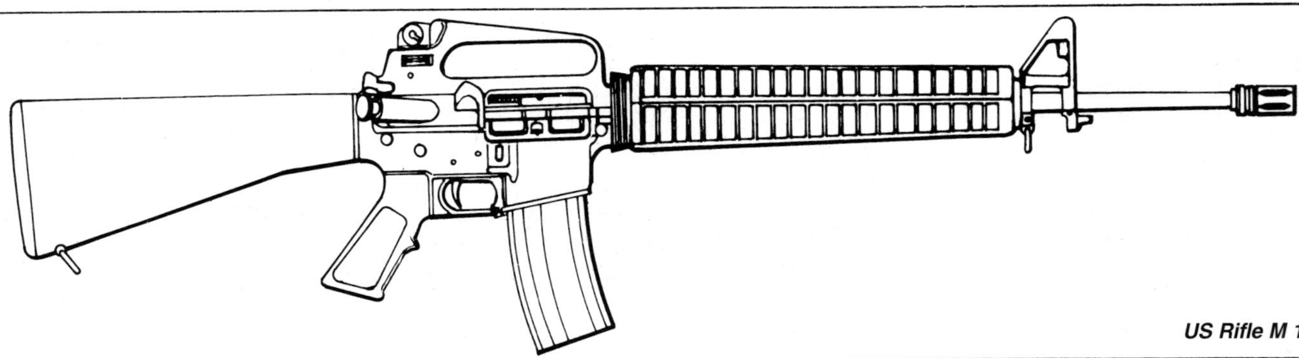

US Rifle M 16 A2.

dern, daß sie einem Links-Schützen ins Gesicht geschleudert werden.
Mit der Bezeichnung *C 7 Rifle* führte auch das kanadische Heer das *M 16 A2* ein, allerdings mit Dauerfeuereinrichtung anstelle des Schußzahlbegrenzers. Eine Karabinerausführung *C 8 Carbine* mit kürzerem Lauf und einschiebbarer Schulterstütze übernahmen die Kanadier ebenfalls.

Gewehr M 16 A2 mit angestecktem Magazin für 30 Patronen. Deutlich zu erkennen sind der im vorderen Drittel verstärkte Lauf, der zylindrische Handschutz, der eine bessere Wärmeableitung bewirkt und sich einfacher abnehmen läßt als beim Vorläufermodell M 16 A1, und die Rändelschrauben zur Höhen- und Seitenverstellung des Visiers.

Zur Veranschaulichung der Unterschiede ein Gewehr M 16 A1, hier mit aufgesetztem Infrarot-Zielgerät, das die Firma Magnavox für den zivilen Markt fertigt.

Technische Daten:
Kaliber: 5,56 mm X 45 NATO
Funktion: Gasdrucklader, wahlweise Einzel- oder Stoßfeuer
Länge: 1 006 mm
Gewicht: 3,58 kg
Lauf: 508 mm, 6 Züge, Rechtsdrall
Magazin: Stangenmagazin für 20 oder für 30 Patronen
Feuergeschwindigkeit: 600 bis 940 Schuß pro Minute
Mündungsgeschwindigkeit: 991 Meter pro Sekunde

BARRETT LIGHT FIFTY M 82 A1 — USA

Hersteller: Barrett Firearms Mfg. Co., Murfreesboro, Tennessee

Eine zu Beginn der 80er Jahre ersonnene Konzeption amerikanischer Militärs sah den Einsatz weittragender, großkaliberiger Präzisionswaffen gegen Materialziele des Gegners vor. Dabei gingen sie von der Vorstellung aus, daß z.B. ein Kommandotrupp weit in das gegnerische Hinterland eindringt, sich bis auf etwa 1500 Meter an einen (Feld-) Flugplatz heranarbeitet und mit gut plazierten Schüssen sämtliche Flugzeuge zerstört oder unbrauchbar macht. Der Trupp würde sich nach Erfüllung seines Auftrags zu den eigenen Linien durchschlagen und die Waffe zurücklassen – derartige Szenarien sind durchaus vorstellbar. Zu den für derartige Einsätze vorgesehenen Waffen gehört das Selbstladegewehr *Light Fifty*. Diese Entwicklung der Firma Barrett wurde für die Patrone Kaliber .50 (12,7 mm X 99) eingerichtet, die auch das überschwere Maschinengewehr *Browning M 2* verschießt. Das Weitschuß-Präzisionsgewehr ist als Rückstoßlader mit kurzem Rohrrücklauf konstruiert (der Rücklaufweg ist kürzer als die Patronenlänge). Bei der Schußabgabe laufen Rohr und Verschluß etwa 25 mm gemeinsam zurück. Danach wird die Verriegelung aufgehoben, Verschlußträger und Verschlußstück setzen den Rücklauf alleine fort. Dabei wird die Hülse ausgeworfen und die Schließfeder sowie der Schlaghebel gespannt. Beim Vorlauf wird eine Patrone aus dem Magazin ausgestoßen und zugeführt, der Verschluß verriegelt und Rohr und Verschluß gleiten wieder in die Ausgangsposition. Das gekehlte Rohr ist mit einer Mündungsbremse versehen, die in Verbindung mit dem beweglich gelagerten Rohr den Rückstoß auf ein erträgliches Maß dämpft. Die Kehlung des Rohres vergrößert dessen Oberfläche, wodurch eine bessere Wärmeableitung erreicht wird. Darüberhinaus verringert sie das Gewicht und versteift das Rohr. Die Präzisionsschwankungen bei Verwendung der serienmäßigen Maschinengewehr-Munition sind für die vorgesehene Verwendung zwar von untergeordneter Bedeutung, nachdem jedoch der Wert einer derartigen Waffe erkannt wurde, stehen zwischenzeit-

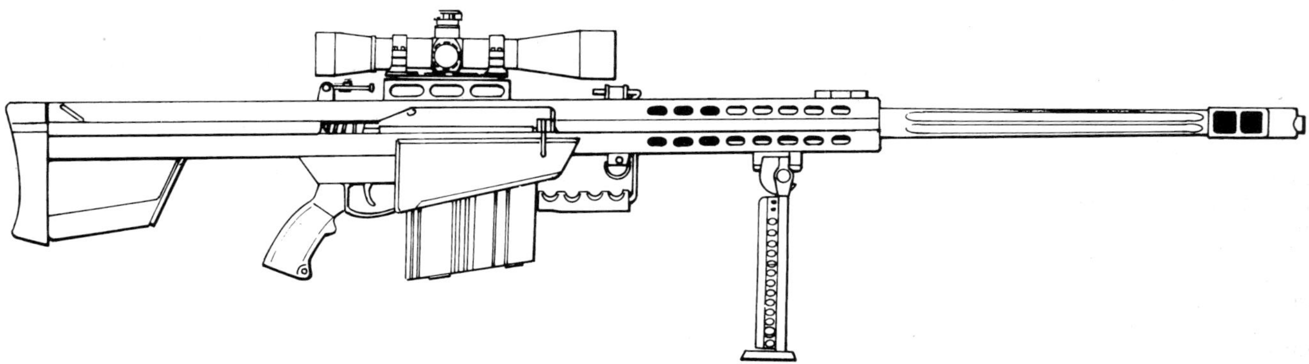

Barrett-Scharfschützengewehr Light Fifty.

lich Patronen mit Laborierungen zur Verfügung, die ausgezeichnete Trefferleistungen erbringen. Durch die Verwendung von Patronen mit Spreng- oder Brandgeschossen läßt sich – dem Einsatzzweck entsprechend – die beabsichtigte Wirkung steigern.
Das *Light-Fifty*-Scharfschützengewehr ist serienmäßig mit einem klappbaren höhenverstellbaren Zweibein ausgestattet; darüberhinaus läßt es sich auf verschiedene gebräuchliche MG-Lafetten aufsetzen. Um die maximale Einsatzschußweite der Patrone ausnutzen zu können (etwa 2000 Meter), wird in der Regel ein leistungsfähiges Zielfernrohr mit zehnfacher oder noch stärkerer Vergrößerung aufgesetzt.

Barrett Light Fifty, Kaliber .50. Der überschwere Präzisions-Halbautomat ist zwischenzeitlich u.a. bei den SEAL-Trupps der amerikanischen Marine und beim britischen SAS im Einsatz.

Technische Daten:
Kaliber: .50 Browning (12,7 mm X 99)
Funktion: Rückstoßlader mit kurzem Rohrrücklauf, halbautomatisch
Länge: 1 549 mm
Gewicht: 14,70 kg
Lauf: 838 mm, 8 Züge, Rechtscrall
Magazin: Stangenmagazin für 11 Patronen
Mündungsgeschwindigkeit: 843 Meter pro Sekunde

WAFFENTECHNISCHE BEGRIFFE

Drall: a) Drehung des Geschosses um seine Längsachse. Verhindert ein Überschlagen des Projektils, wenn es den Lauf verlassen hat. Die Geschoßspitze bleibt im Flug nach vorne gerichtet und trifft zuerst im Ziel auf. Der Drall verursacht eine geringe Abweichung des Geschosses nach der Seite, nach der die Drehung erfolgt (bei Rechtsdrall also nach rechts).
b) Bezeichnung für die schraubenförmige Windung der Züge im Lauf, die das Geschoß in Rotation um seine Längsachse versetzen.

Drall-Länge: Die Strecke, auf der das Geschoß eine ganze Umdrehung ausführt. Unterschiede in der Drall-Länge ändern nicht nur die Umdrehungsgeschwindigkeit des Geschosses, sondern sie sind auch von Bedeutung für den Reibungswiderstand im Lauf.

Gasdrucklader: Halb- und Vollautomaten, bei denen ein Teil des Gasdrucks außerhalb des Laufes über besondere Antriebselemente die Verschlußbewegung bewirkt.

Geschoßknall: Knallerscheinung, hervorgerufen durch die Kopfwelle, eine von dem mit Überschallgeschwindigkeit fliegenden Geschoß bewirkte Luftverdichtung (Schallgeschwindigkeit etwa 334 Meter pro Sekunde).

Halbautomaten: Feuerwaffen, bei denen ein Teil der notwendigen Bewegungsvorgänge automatisch durch den bei der Schußabgabe auftretenden Gasdruck ausgeführt wird.

Handlader: Die Verschlußbewegung zum Laden und Entladen der Waffe wird ausschließlich von Hand ausgeführt.

Kaliber: Waffen- und munitionstechnische Bezeichnung für die Laufweite und den Geschoßdurchmesser.
In Deutschland wird das Kaliber bei Munition für Gewehre und Pistolen in der Regel nach dem metrischen System angegeben (Kaliber 6,35 mm; 7,62 mm; 9 mm usw.)
In Amerika und England verwendet man auch noch das Zollmaßsystem. Als *inch* (12. Teil eines *foot* = Fuß) mißt das Zoll in England 2,539998 cm und in Amerika 2,540005 cm. Das Munitionskaliber bezeichnet man nach hundertstel und tausendstel Zoll (1/100»; 1/1000«). Diese Zollmaßangabe wird als ganze Zahl geschrieben, vor die ein Punkt gesetzt wird. So bedeutet .22, daß es sich um ein Geschoß vom Kaliber 22/100 Zoll (rund 5,6 mm) handelt. Das metrische Maß für dieses Kleinkaliber – für das Feld 5,48 mm, für den Zug 5,68 mm – liegt für die Kleinkaliberpatrone in Deutschland ziemlich genau fest. Die Kaliberbezeichnung .22 umfaßt aber nach dem Zollsystem ein Feldmaß, das von 5,48 mm bis 5,65 mm reicht, eine im metrischen System unbekannte Toleranz.
Es handelt sich bei den Zollangaben für das Kaliber oft nur um annähernde Werte. So bedeutet zum Beispiel .32 eigentlich 8,1 mm, wird aber gelegentlich auch für das Kaliber 7,65 mm verwendet.
Genauer sind die Angaben in 1/1000 Zoll, geschrieben als dreistellige Zahl mit einem Punkt davor. Aber auch sie können die Genauigkeit des metrischen Systems nicht erreichen.
Als Beispiel für die Ungenauigkeit der Zollangaben für das Kaliber von Waffe und Munition soll folgende Gegenüberstellung dienen:
Kaliber .22 = 5,6 mm
Kaliber .25 = 6,35 mm und 6,5 mm
Kaliber .30 = 7,62 mm und 7,63 mm
Kaliber .32 = 7,65 mm und 8,1 mm
Kaliber .35 = 9 mm
Kaliber .38 = 9 mm; 9,5 mm; 10 mm (das ist ein Bereich von .38 bis .40).

Liderung: Die Patronenhülse, die unter dem Druck der Pulvergase an die Innenwandung des Patronenlagers gepreßt wird, verhindert ein Austreten der Gase nach hinten – sie lidert.

Masseverschluß: Es besteht keine mechanische Verbindung zwischen Lauf und Verschluß, beziehungsweise zwischen Verschluß und Waffengehäuse. Die Verriegelungswirkung besteht in der Massenträgheit (Beharrungsvermögen) des Verschlußblocks.

Maschinenwaffen: Vollautomaten,die ausschließlich zur Abgabe von Dauerfeuer eingerichtet sind.

Mündungsknall: Knallerscheinung, die durch das Auftreffen der hinter dem Geschoß hereilenden, hochgespannten Gase auf die Luft hervorgerufen wird.

Rückstoßlader: Voll- und Halbautomaten, bei denen ohne besondere Gasentnahmevorrichtung der Druck der Pulvergase nach hinten (Rückstoß, Rückdruck) über den Patronenhülsenboden direkt zum Antrieb des Verschlusses verwendet wird.

Schußentwicklungszeit: Die Zeit vom Auftreffen des Schlagbolzens auf das Zündhütchen der Patrone bis zum Beginn der Geschoßbewegung.

Selbstlader: Als Selbstlader werden Vollautomaten bezeichnet, wenn durch den Einbau eines Unterbrechers in das Abzugssystem nur Einzelfeuer geschossen werden kann und der Abzug bei jedem Schuß erneut betätigt werden muß.

Verriegelung: Das absolute Festlegen des Verschlusses in seiner stützenden Stellung, bis ein gefahrloses Öffnen des Laufes möglich ist. Dies ist in der Regel dann der Fall, wenn das Geschoß die Mündung verlassen hat.

Vollautomaten: Der Antrieb des Verschlusses zum Zwecke des Ladens und Entladens (Zuführen und Zünden der Patrone, Ausziehen und Auswerfen der Hülse nach dem Schuß) erfolgt durch die Kraft der Pulvergase. Die Patronenzuführung erfolgt mit Hilfe von Gurt, Trommel oder Magazin.